C♯プログラマーのための

デバッグの基本&応用テクニック

しつこい「バグ」に悩む人の暗雲が晴れる、解決のヒント

残業の日々から足を洗いたい、
未解決のままでは気持ちが悪い、
というときに最適の書

川俣　晶【著】

技術評論社

本書に掲載されたプログラムの使用によって生じたいかなる損害について
も、技術評論社および著者は一切の責任を負いませんので、あらかじめご了
承ください。

- Microsoft、.NET、Azure、Visual Basic、Visual C#、Visual Studio、
  Windows は、米国 Microsoft Corporation の米国およびその他の国におけ
  る登録商標または商標です。
- UNIX は、The Open Group の登録商標です。
- 本書に登場する製品名などは、一般に、各社の登録商標、または商標です。
  なお、本文中に ™、® マークなどは特に明記しておりません。

Prologue

Prologue

Prologue

Prologue

Prologue

Prologue

Prologue

Contents

Prologue —— 3

Chapter 1 バグの典型的な症状 —— 17

1.1 ハングアップ —— 19
アプリのハングアップ —— 21
システムのハングアップ —— 22

1.2 終了してしまう —— 24
1.3 終了してもプロセスが残る —— 25
1.4 表示位置がずれる —— 27
1.5 正しくない文字 / 文字列が出力される —— 30
文字が違う —— 30
数値が違う —— 31
言語が違う —— 32
ロケールが違う —— 33
文字列の並び順の違い —— 40
誤訳による場合 —— 42

1.6 ファイル等のロックがいつまでも解放されない —— 45
1.7 間違ったタイミングでリアクションする —— 48
1.8 告知する手段を間違える —— 50
1.9 意図しない例外が発生する —— 53
1.10 ブルースクリーンが発生する —— 55

Contents

Chapter 2 バグの典型的な出現ケース —— 57

2.1 開発環境との相違 —— 59

2.2 初期値 —— 62

2.3 画面解像度の違い —— 64

2.4 メモリ容量の違い —— 66

2.5 環境のバージョン間非互換性 —— 67

2.6 通信回線の不調 —— 69

2.7 サーバーがエラーを返す —— 71

Chapter 3 バグの典型的な例 —— 73

3.1 名前の取り違え —— 75

3.2 綴りのミス —— 78

3.3 境界値のミス —— 80

3.4 副作用の勘違い —— 84

3.5 null のまま走る —— 86

3.6 別のオブジェクトの参照 —— 88

3.7 意図しないメソッドの呼び出し —— 91

3.8 アルゴリズムの誤用 —— 93

3.9 仕様変更に気付かない —— 96

3.10 たまたま動いていただけ —— 98

3.11 型の制約ミス —— 100

3.12 環境の変化に追従できない —— 103

3.13 暗黙の前提の侵犯 —— 104

3.14 取れないバグ —— 107

「できません」という結末 —— 107

ソースコードは必要か？ —— 108

ソースコードは存在するのか？ —— 109

ソースコードがあればよいのかという問題 —— 110

再現性の問題 —— 111

OS のバグという問題 —— 112

ライブラリのバグという問題 —— 113

別の機能で実現する —— 115

OSS 開発者との交渉 —— 116

Contents

ドライバのバグという問題 —— 118

ハードのバグという問題 —— 119

通信が遮断される問題 —— 119

外部サービスの停止、休止という問題 —— 120

論理的に取れないバグ —— 121

取れないバグの分類とまとめ —— 123

Chapter 4 クラウド特有のバグ —— 125

4.1 環境の自動移行 —— 127
4.2 実環境とエミュレーションの違い —— 128

Chapter 5 バグの取り方 —— 131

5.1 デバッグの手順 —— 133

バグレポート —— 133

再現手順の確立 —— 135

修正 —— 136

検証 —— 137

コミット —— 137

リリース —— 138

5.2 printf デバッグ —— 139
5.3 ブレークポイント —— 143

通過したことを確認する —— 143

スタックトレースを確認する —— 147

引数 / 変数の値を確認する —— 150

通過しなかったことを確認する —— 151

5.4 条件付きブレークポイント —— 153
5.5 ステップ実行 —— 159
5.6 結果の静的解析 —— 161
5.7 クラウドとリモートデバッグ —— 165
5.8 ネストした例外の確認 —— 167
5.9 発生個所≠キャッチ場所という問題 —— 170
5.10 静的コンストラクタで起きた例外の把握 —— 172
5.11 2点間で挟み込んで範囲を確定する —— 175

Chapter 6 問題を察知する方法 —— 177

6.1 例外の自動レポートの例 —— 179
本体 —— 180

例外レポーター —— 182

デザイン部分 —— 184

6.2 プログラム実行を動的に監視する —— 189

6.3 Application Insight という解決策 —— 191

Chapter 7 修正が難しい各種のバグ —— 195

7.1 ハイゼンバグ (*Heisenbugs*) —— 197
ハイゼンバグとは何か？ —— 197

デバッグビルドでは発生しない場合 —— 198

デバッガ上では発生しない場合 —— 206

開発者のマシンでは発生しない場合 —— 209

単体テストでは発生しない場合 —— 212

printf デバッグを行うと発生しない場合 —— 215

7.2 ボーアバグ (*Bohrbugs*) —— 219
ボーアバグとは何か？ —— 219

7.3 マンデルバグ (*Mandelbugs*) —— 223
マンデルバグとは何か？ —— 223

7.4 シュレーディンバグ (*Schroedinbugs*) —— 229
シュレーディンバグとは何か？ —— 229

7.5 アリストテレス (*Aristotle*) —— 233
アリストテレスとは何か？ —— 233

7.6 月相バグ (*Phase of the Moon Bugs*) —— 238
月相バグとは何か？ —— 238

Chapter 8 デバッグ後のバージョンの提供方法 —— 243

8.1 アップデートという問題 —— 245

8.2 自動バージョンアップ —— 247

8.3 任意と半強制と強制バージョンアップ —— 249
ClickOnce という技術 —— 250

Contents

8.4 自動バージョンアップが拒否される問題 —— 255

8.5 自動バージョンアップのタイミング —— 256

8.6 バージョンダウンの重要性 —— 258

バージョンダウンができない Web アプリの問題 —— 259

8.7 バグ取りが非互換性を生む問題 —— 260

8.8 セキュリティホールが非互換性を生む問題 —— 263

Chapter **9** バージョン管理 —— 265

9.1 バージョン管理システムとは何か? —— 267

9.2 排他ロックの問題 —— 269

9.3 チェックイン対マージの問題 —— 270

9.4 分岐の問題 —— 272

9.5 マージの問題 —— 274

9.6 ロールバックの活用 —— 276

9.7 ソースコードリポジトリをどうするか? —— 277

リポジトリのバックアップ —— 278

管理コストの問題 —— 279

差分をどこまでトラッキングするか? —— 279

Chapter **10** バグトラッキングデータベース —— 281

10.1 バグトラッキングデータベースとは何か? —— 283

10.2 バグトラッキングデータベースの機能 —— 284

10.3 バグトラッキングデータベースの利用サイクル —— 285

10.4 再アサインの重要性 —— 287

10.5 問題の統合 —— 289

10.6 問題の派生 —— 290

10.7 バグトラッキングデータベースが機能しないとき —— 291

10.8 簡易管理 —— 293

Chapter **11** バグレポート作成者側の心構え —— 295

11.1 書き方 —— 297

11.2 管理 —— 300

Contents

11.3 モチベーション —— 302

11.4 素人の曖昧なレポートへの対処 —— 304

Chapter 12 デバッグに当たっての心構え —— 305

12.1 トイレデバッグ、食事デバッグ、風呂デバッグ —— 307

12.2 バグ取りは楽しい —— 308

12.3 バグ取りで怒りが出るとき —— 310

12.4 バグ取りはチャレンジだ —— 311

12.5 再現できないバグ —— 312

12.6 決める勇気 —— 313

12.7 コメントは信頼できるか？ —— 314

12.8 頑張りすぎるな —— 316

12.9 取れないバグはない！ トラップで受け止めろ —— 318

Appendix バグを出さない方法 —— 319

A.1 単体テスト —— 321

A.2 テスト駆動開発 —— 322

A.3 ライブラリの信頼性の判定 —— 324

OSS は信頼性が高いといえるのか？ —— 324

A.4 テストの完全性とテスト時間の問題 —— 326

A.5 バグが出ても安全側に倒すフェイルセーフの考え方 —— 327

Epilogue —— 330

Debugpedia デバッグ用語集 —— 333

Index —— 356

●本書中のコード中の記号について

コード中で「➡」で示した箇所は、本来は1行で示すべきところを、紙幅の都合で2行に分けた（本来は1行で続いている）ことを示しています。

Chapter バグの典型的な症状

1.1 ハングアップ

バギー先生。最初は何ですか？
わかりやすく**ハングアップ**から始めましょう。

　ハングアップとは、**反応があってしかるべきときに、操作に反応がなくなる状態**をいいます。**ハングする**という人もいます。**フリーズする、固まる**等々の言い回しで同じような症状を示す場合もあります。
　ただし、人によっては、言葉によって意味を微妙に区別する場合があります。
　また、動いているべき画面が止まってしまった場合もハングアップということもあります。
　ここで注意すべきことは、**応答がなくなる、動きが止まった**という状況の大半は、**プログラムは停止していない**という事実です（→図1.1）。

図1.1：ハングアップ＝プログラム停止ではない

　プログラムには、いくつか本当に自分を止めてしまう方法があります。
　たとえば、OSに制御を戻して自分は終了するとか、CPU自身を停止させる機械語命令を実行するとか、システムの例外を発生させてそのまま自分自身を強制終了させてしまうとかです。
　しかし、たいていのハングアップはそのような停止ではありません。ウィンドウが

残り、OS が管理するプロセスが残り、しばしば CPU を消費し続け、存在だけは残り続けます。しかし、応答はなくなります。アニメーションも止まります。

理由は簡単で、プログラムは動き続けているが、本来の意図どおりに処理が進んでいないからです。処理が入力待ちやアニメーションの更新に進まなければ、いくら処理が続いていても、それはハングアップそのものです。

さて、ハングアップの症状は、具体的に何が止まっているかでさらに分類できます。

- **特定のスレッドだけが停止する**
- **特定のプログラムだけが停止する**
- **システムそのものが停止するが、強制的な割り込み機能（ Ctrl ＋ Alt ＋ Del など）には応答する**
- **システムそのものが停止し、強制的な割り込み機能にも応答しない**

たとえば、応答はあるが、データの更新処理だけ止まってしまうようなケースもあります。

また、ハングアップと似て非なるものに、**過剰な負荷**があります。

たとえば、CPU などのリソースを 100 パーセント消費したまま離さない処理が行われていると、見掛け上はシステムが応答しない場合があります。この場合、**即座に応答できない**だけであり、**応答しなくなった**わけではありません。

しかし、このような状況もしばしばハングアップといわれる場合があるのです。

さて、しばしば**プログラムが実行されていないハングアップ**も発生します。

プログラムが無限に動き続けているハングアップは、デバッガで一時停止させて調べれば（⮕p.146）、プログラムのどこかが何かの処理を実行中ということがわかります。自作のプログラム内ではないとしても、スタックトレースを調べれば（⮕p.147）自作プログラムから呼び出した何かであることがわかることが多いでしょう。

ところが、このとき、プログラムのどの部分も実行されていない状況が発生する場合があります。

これはなぜでしょうか？

このような状況は、プログラムから呼び出した外部の何かの処理が進まないことで発生します。

- 利用者の入力待ちである（入力されるまで戻ってこない）
- 特定のイベントの発生を待っているが、そのイベントが発生しないため、いつまでも待ち続けている
- 非同期 API で長時間の待機を実行させた（例：`Task.Delay` メソッド）

しかし、これらの大半は、API の使い方が間違っているだけの自作プログラム側

のバグです。
　ところが、まれに OS のバグにより特定の条件で API を利用することでハングアップしてしまう場合があります。めったにありませんが、ないわけではありません。
　その場合は、以下の対処が必要とされます。

- バグの存在を OS のベンダーにレポートする
- 回避策を検討する（その API を使わないで意図した機能を実現できないか考える）

　たとえば、ファイルが存在するかチェックする API に問題がある場合は、その API を使わずに相当機能を記述できるかどうか検討します。たとえばファイルを開く API を呼び出します。ファイルが存在しなければ例外が発生して、**存在しない**という事実を知ることができます。もちろん例外は比較的重い処理なので、使わないで済むならば使いたくありません。しかし、どうしてもそれしか回避方法がなく、性能的にも十分ならば利用を検討してもよいでしょう。
　さて、ハングアップの症状は大きく分けると、**アプリのハング**と**システムのハング**があります。それぞれインパクトが違うので、それらを分けて詳細を見てみましょう。

アプリのハングアップ

兄貴、車が動かないよ。車がハングした！
DEBDEB が買い込んだポテチが重くて発進できないだけです。いくらなんでも 10 箱は買いすぎです。買ったお店に返品してきてください。

　アプリのハングは、比較的軽傷です。
　システムから強制終了できるからです。
　そのアプリで処理していたデータは失われるかもしれませんが、ハングしなかった他のプログラムのデータは守られます。
　しかし、何もなかったことにはできない場合があります。
　たとえば、アプリを強制終了させると、矛盾したファイルが残る場合があります。ファイル A は右だと示し、ファイル B は左だと示す場合があり、ハングアップしたアプリを再び起動すると正常に動作しない場合があります。たとえ、ハングアップする機能を使用しないとしても、正常に動作しない場合があります。
　また、当然ながら、ハングアップする機能を使用すると再度ハングアップすることがあります。
　問題がややこしくなるのは、ハングアップする場合もあれば、ハングアップしない

場合もあるケースです。

この場合、たとえハングアップしてもアプリを強制終了させて再度実行することで、処理を完了できる可能性があります。利用者側の緊急避難的ノウハウとして知っておいてよいでしょう。

しかし、プログラムを開発している側の立場からいえば、これは好ましいものではありません。原因を調べて除去してしまうべきバグです。

懸念事項は1つしかありません。

必ず発生するとは限らないバグは、原因の調査が非常に面倒であるという点だけです。詳しいことは p.135「再現手順の確立」で述べます。

システムのハングアップ

　兄貴、車が動かないよ。車がハングした！

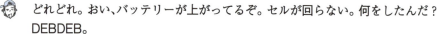

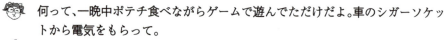

　エンジン止めてバッテリーの電気使ったら、バッテリー上がっちゃうよ！

　エンジンを回せばいいのだ。

　回すためのセルが動かないんだって。

現在の PC の OS では、システム全体がハングアップすることは多くありません。

システムに致命的な問題が起きたときは、たいてい、入力を受け付けなくなるのではなく OS 固有の特別な状態になります。たとえば、Windows ならブルースクリーンと呼ばれる致命的なエラーを示す画面になります（➡「1.10：ブルースクリーンが発生する」）。これは、BSoD（*Blue Screen of Death*）とも呼ばれます。カーネルパニックもこれに類するものです。

しかし、このような画面に行かず、単純に入力をいっさい受け付けなくなる状況になることもしばしばあります。

この場合は、まず再現性で状況を切り分けて考える必要があります。

- ある操作によって必ず起こる
- 必ず起こるわけではないが、何回も起きている
- 1回しか起きていない

1回しか起きていない場合は、繰り返し発生する問題にたまたま一度しか遭遇して

いない場合もありますが、単なるシステムの誤動作もありえます。瞬間的な停電などが起こればシステムの一部だけが生き残って、結果としておかしな振る舞いを見せる場合があります。これはバグではなく、ハードを誤動作させる外部要因による誤動作で、デバッグで問題を除去することはできません（ソフトの問題ではない）。

　その他の2つのケースでは何らかの原因が存在する可能性が高いので、それを可能な限り除去しなければなりません。しかし、APIの使い方を間違えた程度でOSがハングすることは考えにくく、OS自身に問題が存在することは少ないでしょう。場合によってはデバイスドライバや個々のデバイスのファームウェアの問題という場合もあります。

　それらは自力で問題を解決することは難しく、レポートして直してもらうことが基本になるでしょう。協力を得られない、あるいは、結果が出るまで待てない場合は、回避策を探すことになります。

　さて、世の中には、より非力なOSも存在します。それらのOSの中には、アプリが適切に制御を戻さない限りOSそのものがハングしてしまうものも存在します。たとえば、初期のWindowsはそのようなOSでした。このようなケースでは、OSが要求するマナーをよく守り、APIの誤用はしないことが大切です。それによって、OSのハングアップやその他の誤動作を防止できます。

Chapter ┃ バグの典型的な症状

1.2 終了してしまう

またエンストだ。なぜ止まってしまうんだ？ 答えろよ、バギー先生。おまえのどこに欠陥があるんだ？ どんな欠陥であろうと、俺が直してやるぞ。

力強いお言葉です。ですが、わたしに欠陥はありません。欠陥があるのはデバグ・スター君の使い方のほうです。どこの世界にいきなりトップギアで走り出そうとするドライバーがいますか。

プログラムが**終了すべきタイミング以外で終了してしまう**のは、典型的な症状の1つです。この場合、想定できる原因はいくつもあります。

- 間違って終了させるコードを実行させている
- 暴走した結果、デタラメに解釈したコードがたまたま終了を意味した
- ハンドルされない例外があると強制終了する環境で実行していて、例外が出た（ストアアプリ、Universal Windows アプリなど）

派生的に以下のような症状が出る場合もあります。

- 例外情報を出力して停止し、それ以降の実行継続が不可能になる（.NET Framework など）

これも処理を継続できないという意味で、似たような問題です。

利用者からは単に止まってしまうだけであり、シンプルな問題に見えます。しかし、実際には原因も対策も千差万別であり、やっかいな問題です。

1.3 終了してもプロセスが残る

 この曲がり角は、交通事故があったといわれるお化けが出るスポットです。
うわ、助手席にお化けが出た。
それは DEBDEB です。
うわ、後部座席にも出た。
こっちは本物です。
あ、消えた。ホッ……。
いえ。見えないだけで、まだそこにいますよ。
ひ〜っ！

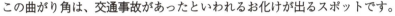

これは、もっとやっかいな問題です。

画面からウィンドウが消えても、プロセスが残っていて資源を消費している状態に陥ることがあります。たとえば、ファイルハンドルをロックしていると、他のソフトからそのファイルが利用できないこともありえ、因果関係がわかりにくい症状を発生させます。

すでに終了したと思ったプログラムがまだ生きていて、再度立ち上げた別のプログラムと同じファイルを書き換えにいく……という状況はまさに悪夢です。

UNIX系OS（当然 Linux を含む）では、ゾンビプロセスという状態も発生します。Wikipedia によれば、これはプロセスの実行が終了しているにもかかわらず発生する以下のような状態です。

> UNIX系オペレーティングシステムにおいて、ゾンビプロセス（Zombie Process）は、処理を完了したがプロセステーブル（プロセス制御ブロック相当）が残っていて、終了ステータスを読まれるのを待っているプロセスである

システムが正常に動作しているにもかかわらずゾンビプロセスを残すようなら、それはバグです。

派生的な問題として、勝手に終了した後で次回の起動に必ず失敗するという症状もあります。

たとえば、設定ファイルの書き込み中に強制終了させられると不完全な状態のファイルが残る可能性があります。次回、このファイルを読み込めない場合は、起動に必ず失敗します。このようなときは、回復の手段を提供することが望ましいといえます。

Column　真夏の夜のバグ事件

　真夏の夜に窓を開けてデバッグしていると、たまに虫が照明に引き寄せられて飛んできます。

　そして、蛍光灯に体当たりを繰り返すので音が気になります。

　何か対策を取らないと効率にもかかわります。

　殺すに忍びないので、電気を消せば虫は去るだろうと明かりを消します。

　これで確かに虫の体当たりの繰り返しは終わります。

　ホッとしてデバッグを再開しようとすると、画面の明かりに引かれてさっきの虫が画面に取りついて肝心な情報を隠してしまいます。

　「こら。その変数の値を見たいんだ。そこを隠すな！」

　そんなときは、バグ取りの前に虫取りです。

　しかし、タッチ対応の画面を使っているときは、誤って触れると誤操作しかねません。十分に注意して画面から虫を除去しましょう。

I.4 表示位置がずれる

　兄貴はいつもずれているのだ。
　いえいえ。デバッグ・スター君は立派な人です。
　この間だって、踊りのバレエとスポーツのバレーボールを間違えていたのだ。
　そういえば、この間わたしをバギーではなくボギーと呼んでいたような……。
　兄貴、今度はゴルフと間違えてるのだ。

たとえば、図1.2のような結果を期待したとします。

図1.2：期待された結果

しかし、実際に実行した結果は図1.3のようになったとします。

図1.3：実際の実行結果

ソースコードは以下のとおりです。

```
using System;
using System.Collections.Generic;

class Program
{
    static void Main(string[] args)
    {
        var dic = new Dictionary<string, int>()
        {
            ["DEBDEB"] = 50,
            ["DEBUG STAR"] = 9,
            ["BUGGY"] = 100
        };
        foreach (var item in dic)
        {
            Console.WriteLine("{0,7} {1,2}", item.Key, item.Value);
        }
    }
}
```

このように、表示されるデータは間違っていないが**表示位置が狂う**という症状が出ます（余裕のある読者はソースコードからバグを探してみてほしい）。
文字の一部またはすべてが切れる場合もあります（→ 図 1.4）。

図1.4：文字が切れている

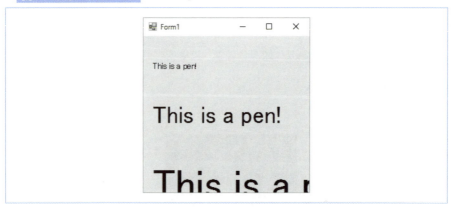

文字の一部または全部が見えないことは、致命傷になる場合とならない場合があります。
　たとえば、文字の一部が見えなくとも見える部分から意味を読み取ることができる場合、あるいは、単なる形式的な警告文で見えなくても操作できる場合は致命的とはいえません。
　しかし、どうしても読んでほしい警告文が隠れて見えないとすれば、それは致命的です。機能にかかわるボタンなどが隠れるのは、特に致命傷となる問題です。

1.5 正しくない文字 / 文字列が出力される

 バギーが動かないのだ。
 ガソリンは満タンだし。ほら、燃料計はFだろ？
 タンクを見たら中は空っぽなのだ。
 でも燃料計の針は……。
 それは誰かがイタズラで貼ったFのシールなのだ。剥がしたらほら。
 Eだ……。

正しくない文字が出るバグは、位置のずれよりもより深刻です。たとえば、0か1を表示する個所が半分隠れていてもなんとなくどの文字を表示しようとしているのかわかります。しかし、0を1と誤表示すると、正しい動作で1と表示したのか誤動作で1と出ているだけで本当は0なのか区別ができません。

詳細に見ると症状はさまざまです。以下、ケースを分類していきましょう。

文字が違う

以下のソースコードは、"たちつてと" という結果を期待していますが、実際には "たちっづで" と出力します。

```
using System;

class Program
{
    static void Main(string[] args)
    {
        char ch = 'た';
        for (int i = 0; i < 5; i++)
```

```
        {
            Console.Write(ch);
            ch += (char)2;
        }
    }
}
```

　バグの原因は、Unicode でのひらがなの配列が、**"ただちぢ……"** という感じで進行
しているところから、1 文字おきに濁音があるのでそれを飛ばしつつ読み出せば **"た
ちつてと"** が簡単に得られるだろうと思ったところ、**"つ"** だけは小さい **"っ"** がある
ため **"っつづ"** と 3 つ重なり、1 つ置きに並んでいるという前提とは異なっていること
にあります。

　違う文字が単語、文章に出てしまう理由はほかにいくらでもあります。たとえば、文
字コードの間違い、文字列を切り出す位置の間違い、文字列を選択する条件の間違いなどです。

数値が違う

　タロウ君は 100 円のみかんを 3 個買いました。ジロー君は 200 円のりんごを 2 個買
いました。2 人は合計でいくら使ったでしょう？
　このような問題の答えを出すために以下のようなコードを書きました。

```
using System;

class Program
{
    static void Main(string[] args)
    {
        int みかん個数 = 3;
        int りんご個数 = 2;
        int みかん価格 = 100;
        int りんご価格 = 200;
        Console.WriteLine(みかん個数 * みかん価格 * りんご個数 + りんご価格);
    }
}
```

　正しい結果は 700 ですが、800 という結果が出ます。数値が間違っているわけです。
この種のバグは、極端に変な値が出るとすぐにバグは発覚します。
　たとえば、計算式が以下のようになっている場合、結果は –100 になります。

Chapter ▌ バグの典型的な症状

> みかん個数 * みかん価格 − りんご個数 * りんご価格

　品物を買って代金がマイナスの値になるわけがないので、誰でもすぐにバグだと気付きます。

　以下のようになっていると結果は 120000 になります。

> みかん個数 * みかん価格 * りんご個数 * りんご価格

　しかし、数百円の果物を数個買っただけで代金が 12 万円になることはありえず、これもすぐ問題が発覚します。

　ですが、一見正しそうな値が出る場合は見過ごされてしまう可能性もあります。

　この計算の結果を、漠然と「500 円以上はするだろうが 1000 円は超えまい」と見積もっている場合、800 という結果は間違っていても「特に問題ない」と見なされやすくなります。

　単にバグが見過ごされるというだけではなく、**間違った結果が信頼されやすい**といえます。

　実際、端数の処理を間違っていて長期間請求が過大だったという事例の報道を見たことがあります。誰もすぐには気がつかなかったわけです。

言語が違う

　以下のソースコードは、"今日は 2016 年 1 月 1 日、金曜日です。" という結果を期待していますが実際には "今日は 2016 年 1 月 1 日、Friday です。" と出力します。

```
using System;

class Program
{
    static void Main(string[] args)
    {
        DateTimeOffset dt = new DateTimeOffset(2016, 1, 1, 0, 0, 0,
                                                  ➡TimeSpan.Zero);

        Console.Write("今日は{0:D}、", dt);
        Console.Write(dt.DayOfWeek);
        Console.WriteLine("です。");
    }
```

32

1.5 正しくない文字／文字列が出力される

```
}
```

つまり、"**金曜日**" という文字列を期待した個所に、"**Friday**" という英語が入ってしまっています。

言語が混じってしまう原因は、言語設定の間違い、API の誤用など、千差万別です。しかし、混ざれば、不自然で、おかしいという印象を与える可能性があります。最悪の場合、読めないという反応を引き起こします。複数言語対応にした場合、よりミスしやすくなりますが、単一言語にしか対応しない場合でも混ざってしまうことがあります。

ロケールが違う

ロケールは利用者が設定可能であり、他言語版の OS を利用した場合はデフォルト設定がすでに違っていることもあります。これがバグを引き起こす場合があります。

日付の並び順の違い

以下のソースコードは、"**2016/02/03**" という結果を期待していますが実際には "**02/03/2016**" と出力します。

```csharp
using System;
using System.Globalization;

class Program
{
    static void Main(string[] args)
    {
        DateTimeOffset date1 = new DateTimeOffset(2016, 2, 3, 0, 0, 0,
                                                      ➥TimeSpan.Zero);
        Console.WriteLine(date1.ToString("d", CultureInfo.InvariantCulture));
    }
}
```

このコードはカルチャとして、現在のカルチャ（`CultureInfo.CurrentCulture`）を使用することを意図していますが間違って、環境非依存のカルチャ（`CultureInfo.InvariantCulture` ≒ アメリカのカルチャ）を使用してしまっています。カルチャを間違えると、日付時刻の並び順、数値を区切る記号などが異なるため、不自然でわかりにくい結果を出力してしまいます。

33

Chapter ▌ バグの典型的な症状

　特に危ないのが、上の例で使おうとしていた現在のカルチャ（`CultureInfo.Current Culture`）です。この値はシステムの設定次第でいくらでも変化するので、固定値と表記が食い違いやすいといえます。たとえば、以下のコードは日本語環境で実行すると日付の書式が一貫しません。

```
using System;
using System.Globalization;

class Program
{
    static void Main(string[] args)
    {
        DateTimeOffset date1 = new DateTimeOffset(2016, 2, 3, 0, 0, 0,
                                                    ➡TimeSpan.Zero);
        Console.WriteLine("このチケットの有効期限は{0}から12/31/2017までです。",
                    ➡date1.ToString("d", CultureInfo.CurrentCulture));
    }
}
```

　実行すると "このチケットの有効期限は 2016/02/03 から 12/31/2017 までです。" と出力され、年が先だったり後だったりと一貫しません。日本語環境のアメリカロケールで実行すると一貫します。

夏時間による間違い

　以下のソースコードは、"開始2016/11/01 00:00:00、終了2016/12/01 00:00:00、総日数30日" という結果を期待していますが、実際には "総日数30.0416666666667日" と小数点以下の端数が出ます。ただし、s1 と s2 は、太平洋標準時の環境で取得した日付時刻の値だとしています。

```
using System;

class Program
{
    static void Main(string[] args)
    {
        var s1 = "2016/11/01 0:00:00 -0700";
        var s2 = "2016/12/01 0:00:00 -0800";
```

1.5 正しくない文字/文字列が出力される

```
        var dt1 = DateTimeOffset.Parse(s1);
        var dt2 = DateTimeOffset.Parse(s2);

        Console.WriteLine("開始{0:yyyy/MM/dd HH:mm:ss}", dt1);
        Console.WriteLine("終了{0:yyyy/MM/dd HH:mm:ss}", dt2);
        Console.WriteLine("総日数{0}日", (dt2 - dt1).TotalDays);
    }
}
```

　端数が出る理由は簡単で、夏時間の終了日（11月の第1日曜日）をまたいでいるからです。ここで1時間のズレが発生し、数値が日数としてきれいに揃いません。
コードを数行追加して、確認してみましょう。

```
using System;

class Program
{
    static void Main(string[] args)
    {
        TimeZoneInfo pdt =
    TimeZoneInfo.FindSystemTimeZoneById("Pacific Standard Time");


        var s1 = "2016/11/01 0:00:00 -0700";
        var s2 = "2016/12/01 0:00:00 -0800";

        var dt1 = DateTimeOffset.Parse(s1);
        var dt2 = DateTimeOffset.Parse(s2);

        Console.WriteLine(pdt.IsDaylightSavingTime(dt1));
        Console.WriteLine(pdt.IsDaylightSavingTime(dt2));
        Console.WriteLine("開始{0:yyyy/MM/dd HH:mm:ss}", dt1);
        Console.WriteLine("終了{0:yyyy/MM/dd HH:mm:ss}", dt2);
        Console.WriteLine("総日数{0}日", (dt2 - dt1).TotalDays);
    }
}
```

　実行結果は以下のようになります。開始日の段階では夏時間と判定されていますが
（True）、終了時には夏時間とは見なされていません（False）。

Chapter | バグの典型的な症状

実行結果

```
True
False
開始2016/11/01 00:00:00
終了2016/12/01 00:00:00
総日数30.0416666666667日
```

　日本には夏時間が存在しないため、ついうっかり見落としがちですが、Web システムなどは世界を相手にサービスすることが珍しくありません。夏時間の開始や終了を跨いだ期間の計算で 1 時間ずれることはしばしば致命的になります。1 時間分だけ少なく請求することは社内の責任問題だけで済むかもしれませんが、1 時間分多く請求すると、最悪の場合は利用者からの訴訟もありうる重大事に発展しかねません。

　この夏時間も、ときどきバグの原因になります。

数値の区切りの違い

　数値の区切り文字も国際化の段階での重要なチェックポイントです。

　たとえば、大きい数字は 3 桁ごとにカンマで区切り、小数点はピリオド、と思い込んでいると痛い目に遭います。

　以下はバグを持つコード例です。

```csharp
using System;
using System.Threading;

class Program
{
    static void Main(string[] args)
    {
        Thread.CurrentThread.CurrentCulture =
                        ➡new System.Globalization.CultureInfo("fr-FR");

        double number = 1234567.89;
        string s = number.ToString("N");
        int index = s.IndexOf(".");
        if (index < 0) index = s.Length;
        string t = s.Substring(0, index);
        Console.WriteLine("{0}の整数部は{1}です。", number, t);
    }
}
```

1.5 正しくない文字/文字列が出力される

```
}
```

このコードは、以下の出力を期待しています。

期待された結果

1234567.89の整数部は1,234,567です。

しかし、実際には以下のように出力します。

実行結果

1234567,89の整数部は1?234?567,89です。

Thread.CurrentThread で始まる行を削除すれば意図どおりの結果になります。
相違点は以下の3点です。

- 小数点がカンマに化けている
- 切り捨てたはずの小数点以下が出力されている
- 数値を区切るカンマが「?」に化けている

これらの相違は、すべて国際化機能で説明が付きます。
このコードは、フランスのフランス語（"fr-FR"）カルチャに切り替えています。
このカルチャは以下のルールを持っています。

- 小数点はカンマで区切る
- 3桁の区切りは空白文字を使用する

これに以下の情報を追加するとすべて説明ができます。

- 区切りの空白文字は通常の空白文字ではなく、U+00A0（No-Break Space）を使用する

まず、小数点をカンマで区切るのは、それがこのカルチャのルールだからです。
　したがって、ピリオドを探すこのコードは意図どおり働かず、小数点以下を切り捨てる機能を発揮しません。
　数値を区切る空白文字は、U+00A0 ですが、日本語の標準的な文字セットに含まれないため、U+00A0 を変換することができません。変換できないときは「?」という文

Chapter ▌ バグの典型的な症状

字を補うことになっているので、必然的に「?」が出力されます。Unicode の全文字が普通に使える環境（たとえば、Windows フォームアプリケーション）なら、正しく空白文字として出力されます。文字が化けるのは、コンソールアプリケーションを日本語（日本語 Windows での標準設定のコードページ 932 Shift-JIS）で実行した場合だけです。

　これもまた、ついうっかりハードコードしてしまいがちな点ですが、カルチャを切り替えると破綻します。

通貨記号の間違い

通貨記号が間違っているという問題が発生する場合があります。

たとえば、以下のコードは実行すると円記号（¥）を伴って出力します。

```
using System;
using System.Linq;
using System.Threading;

class Program
{
    static void Main(string[] args)
    {
        Console.WriteLine(100.ToString("C"));
    }
}
```

実行結果

```
¥100
```

　確かに 100 円として表示されています。

　しかし、Thread.CurrentThread.CurrentCulture などで設定するカルチャ（言語や慣習）が食い違っていると別の記号が出てきます。しかも、表示言語と食い違っていると「?」記号に化けてしまうこともあります。

　実際に以下のように書き換えると「¥100」は「100,00 ?」に化けてしまいます。

```
    static void Main(string[] args)
    {
```

1.5 正しくない文字/文字列が出力される

```
        Thread.CurrentThread.CurrentCulture =
                        ➡new System.Globalization.CultureInfo("fr-FR");
        Console.WriteLine(100.ToString("C"));
    }
```

実行結果

```
100,00 ?
```

以下のようにコードを書き換えて、「?」の正体を探ってみましょう。

```
        Console.WriteLine((int)(100.ToString("C").Last()));
```

実行結果

```
8364
```

10進数の 8364 は 16 進数の 20AC ですから、図 1.5 の文字に該当します。

図 1.5：U+20AC Euro Sign

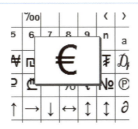

つまり、システムは欧州共通の通貨であるユーロの通貨記号を出力しようとしているのに、シフト JIS 設定のコンソールはそれを受け付けることができないので、「?」に置き換えたことになります。しかし、利用者にはそのような事情はわからず、ただ文字が化けたと見えます。

一方、GUI アプリではそう簡単には化けません。

Chapter ┃ バグの典型的な症状

では、ユーロ記号さえ出ればよいのでしょうか？

そうではありません。

本来の意図が100円ならば、100ユーロは致命的なバグです。なぜなら1円と1ユーロの価値の差は100倍前後もあり、通貨記号の間違いは致命的なバグとなります。100ユーロ程度なら誰かが泣けば済みますが、もし大きい数字でミスった場合は、個人では賠償できないぐらい大きな問題になりかねません。

文字列の並び順の違い

たとえば、以下のプログラムはそれはそれで「あり」です。

```
using System;

class Program
{
    static void Main(string[] args)
    {
        // ローカライズ対象
        string firstName = "Mantaro";
        string lastName = "Kinniku";
        // ローカライズ非対象
        Console.WriteLine(firstName + " " + lastName);
    }
}
```

実行結果

```
Mantaro Kinniku
```

しかし、ローカライズ対象となっている行だけを変更して、これを日本語用にローカライズすると問題が出ます。

```
using System;

class Program
{
```

40

1.5 正しくない文字/文字列が出力される

```csharp
    static void Main(string[] args)
    {
        // ローカライズ対象
        string firstName = "万太郎";
        string lastName = "キン肉";
        // ローカライズ非対象
        Console.WriteLine(firstName + " " + lastName);
    }
}
```

実行結果

万太郎 キン肉

　これでは「キン肉マン・タロウじゃない。キン肉・万太郎だ」というギャグも不発です。言語が変わると語順が変化するケースはいろいろあり、単純に単語を置き換えるだけでは済みません。
　この場合は以下のように書き直すと対処できますが、このような方法だけですべてのケースに対処できるわけではありません。

英語版の場合

```csharp
using System;

class Program
{
    static void Main(string[] args)
    {
        // ローカライズ対象
        string firstName = "Mantaro";
        string lastName = "Kinniku";
        string format = "{0} {1}";

        // ローカライズ非対象
        Console.WriteLine(format, firstName, lastName);
    }
}
```

Chapter ▍ バグの典型的な症状

実行結果

```
Mantaro Kinniku
```

日本語版の場合

```
// ローカライズ対象
string firstName = "万太郎";
string lastName = "キン肉";
string format = "{1}{0}";
```

実行結果

```
キン肉万太郎
```

　ここでは直接変数に値を入れていますが、実際には、文字列はリソースなどに分離しておくと扱いやすいでしょう。しかし、ソースコードから完全に切り離されたとき、翻訳者が "{0} {1}" のような文字列を適切に修正できるのかはわかりません。それはそれで、またバグの温床になりえます。

誤訳による場合

　誤訳はつねに頭の痛い問題です。

　しかし、ここで特に重要な問題となるのは、単なる誤訳ではなく、バグと呼びうる特に深刻な誤訳です。

　筆者が実際に見た致命的な誤訳の事例をいくつか紹介しましょう。

　依頼され、さる SPI（*Service Provider Interface*）のリファレンスマニュアルの日本語訳をチェックしていたときです。ご存じの方はご存じと思いますが、API（*Application Programming Interface*）は、アプリから呼び出して使用するものです。それに対して、SPI はシステムソフトウェアから呼び出されて使用されるものです。つまり、API はシステムを利用するために使うもので、SPI はシステムを拡張するために使うものです。

　しかし、翻訳した人は API はわかっていても、SPI はわかっていなかったようで、すべての「called」（呼び出される）が、「呼び出す」と翻訳されていました。もちろん、これは致命傷の誤訳です。API ならばすでに存在しているはずなので呼び出すこと

1.5 正しくない文字/文字列が出力される

ができます。しかし、SPI ならば、プログラマー側が機能を準備して、システムに呼び出してもらうのが基本です。つまり、SPI の仕様に書かれた機能はシステムには存在せず、呼び出そうとしても呼び出せません。ビルド時に厳格な構文チェックを行う言語の場合は、ビルドエラーになって実行ファイルが作成されませんが、ルーズな言語の場合は、実行時になって初めて機能の不在が発覚してエラーでアプリが停止するかもしれません。それは完全なバグです。その原因は誤訳です。

他の例も見てみましょう。

とあるクラウド用のツールを使用しているとき、「初期化しました」というメッセージを見ました。「そうか、初期化が終わったのか、ならばすぐに処理の本体が始まるな」と思ったら、いつまでも待っても始まりませんでした。英語版でメッセージを見る機会があって確認したらビックリ。「初期化しました」に相当する英語は「Initializing...」だったのです。つまり、英語を直訳すると「初期化中」だったのです。現在進行形で、どこにも過去形のニュアンスはありません。しかし、日本語訳は過去形の「初期化しました」に化けていました。

同じような事例はほかにもあります。とあるストアにアプリを申請したときです。「公開しました」という心強いメッセージが表示されたので、てっきりストアからダウンロード可能になったのだと思いました。しかし、いくら検索してもストアに申請したアプリは見つかりません。なぜでしょうか？　このストアには公開するためのプロセスが存在し、このプロセスが終わったときが本当に公開されるときなのです。しかし、公開というプロセスが開始されたときにステータス表示が「公開しました」となります。おそらく、正しいメッセージは「公開しました」ではなく、「公開作業を開始しました」なのだろうと推測するのですが、これは確実に Web サイトの誤訳バグです。

類似の珍訳に「**アプリを公開中です。まもなくストアで公開されます。**」というメッセージも見たことがあります。前半は公開中だといっているのに、後半はまもなく公開されるといっています。意味がわかりません。おそらく、実際には「**公開に向けての作業は進行中です。まもなくストアで公開されます。**」という意味なのだろうと推測しますが、素人が初見でその本来の意味を推察することはおそらく無理でしょう。

ほかにも例があります。

とある開発ツールで、C# の**拡張メソッド（*extension method*）**を**拡張子（*filename extension*）**と言い張る誤訳バグが存在しました。確かに extension という単語は共通していますが、前者はメソッド関連、後者はファイル関連で、まったくの別物です。実際の英語はメソッドの説明であることは明白な文脈なので、extension としか書いていなくても、これを「拡張子」と解釈できる文脈では

43

ありません。filename extension や file extension と書いて、初めて拡張子というニュアンスが発生します。根拠のない過剰な意訳です。

とりあえず直訳にしておけば、ここまでひどいバグにならなかったのに……と思える翻訳バグばかりです。わざわざ called と書いてあるのに、いちいち call というニュアンスで翻訳するのは、過剰な意訳です。「初期化しました」も同じ。わざわざ原文に書かれていない過去形のニュアンスを翻訳者が創作しています。extension も、単に単語の直訳で**拡張**と書いていればそれはそれで文意が通ったのに、ファイルの拡張子のこととして扱うのは、創作のしすぎです。もちろん、もともと存在しない文意を創作することは翻訳者の仕事ではありません。

さて、翻訳がたとえ正しくとも一貫性を欠いているため、バグに発展するパターンもあります。

たとえば、操作説明が実際の操作と噛み合っていない場合、利用者は戸惑います。たとえば、説明メッセージは「**了承またはキャンセルボタンを押してください**」となっているのに、実際のボタンは「**はい**」、「**いいえ**」と表記されていたりするような、説明と実際が噛み合っていない場合です。このバリエーションとして、説明だけ、ボタンだけが翻訳された結果、噛み合っていないケースもあります。「**はい**」と「YES」ぐらいなら、すぐに対応関係はわかりますが、「accept」が実際にどの日本語に対応するかはとっさにわからないかもしれません。

最も破滅的なのは、一見言葉のうえでは筋が通った翻訳です。誤訳には見えず、画面上の表記とも噛み合った説明が表示されます。たとえば「**A というボタンは押してはいけません**」という原文を「**A というボタンを押します**」と誤訳してしまうケースです。この場合、説明どおり操作を行っているのに意図した結果が得られない、ということになり、これも一種のバグです。言葉のうえでは筋が通っており破綻していないので、誤訳と見抜きにくいケースです。また、たとえば、「削除します」を「削除しました」と誤訳するのもこれに近いものです。「これからファイル XX を削除します」というメッセージを「削除しました」と誤訳されると、「削除されたはずなのにファイルがまだ消えていない。バグだ」というバグレポートに発展してしまいます。

1.6 ファイル等のロックが いつまでも解放されない

 兄貴、いつまでトイレに入っているつもりなのだ。
 出ないんだからしょうがないだろ。
 兄貴はいつもそうなのだ。他の人の迷惑を考えないのだ。
 なんだ、DEBDEB もトイレに用事か？
 そうなのだ。あたしも入りたいので、はやく兄貴に出てほしいのだ。
 バカ、ここはうちのトイレと違うんだ。女性用トイレは隣だぞ。ここは男子用トイレ。
 えっ？

　テキストファイルを書き込んでその所要時間を計測するプログラムを作成してみました。実行すると、意図したとおりに動きます。作成されるファイルにも意図したとおりに "Test Message" という文字列が入っています。何も問題はありません。これがそのソースコードです。

```
using System;
using System.IO;

class Program
{
    static void Main(string[] args)
    {
        var start = DateTime.Now;
        var writer = File.CreateText("dummy.txt");
        writer.WriteLine("Test Message");
        writer.Flush();
        Console.WriteLine(DateTime.Now - start);
    }
```

Chapter ┃ バグの典型的な症状

```
        }
```

　しかし、あまりに処理時間が短すぎて意味のある数字が出ているのかわかりません。そこで、1,000回処理を繰り返すように書き直してみました。

```
using System;
using System.IO;

class Program
{
    static void Main(string[] args)
    {
        var start = DateTime.Now;
        for (int i = 0; i < 1000; i++)
        {
            var writer = File.CreateText("dummy.txt");
            writer.WriteLine("Test Message");
            writer.Flush();
        }
        Console.WriteLine(DateTime.Now - start);
    }
}
```

　これは意図したとおりに動きません。IOException例外で止まってしまいます。
　正常に動いていたはずの処理を繰り返しただけで、なぜ止まってしまうのでしょうか？
　それは、システムには排他的なリソースがいくつも存在し、つかんだままリソースを解放しないと、リソースが利用できなくなってしまうからです。
　たとえば、トイレのようなものです。トイレは使用し終わったらすぐに出て、次の人が利用できるようにする必要があります。トイレの中で本を読んだほうが頭に入る……などといって、いつまでもトイレを占有し続けると他の人が利用できません。それと同じことです。
　この事例では、ファイルを書き込みオープンしたまま閉じません。その結果、永久にファイルを占有し続け、もう1回オープンする処理は永遠に成功しません。つまりは、例外が起きます。
　では、なぜ最初のソースコードではうまく動いているように見えたのでしょうか？それは、プログラムが終了するときにはすべてのリソースを解放するからです。です

46

から、終了する前にもう1回書き込みオープンを試みるとそれは例外になってしまうのです。

このような**リソースの解放忘れは典型的なバグ**ですが、1回目の処理は成功する場合も多いので、発覚が遅れることもあるバグです。

Column 人工知能デバッグ

今流行りの人工知能はバグを取ってくれるでしょうか？ 人間をデバッグという面倒な作業から解放してくれるでしょうか？

おそらく、シンプルなバグに関しては、人工知能がバグを検出して修正する技術の実現は時間の問題でしょう。

しかし、それが正しいか、すべてのバグを直せるかといえば別の問題です。

つまり、期待された結果と実際の結果の差を提示して**ソースを直してくれ**といって直した結果が、例示した値以外でも正しく直っているかは検証しなくてはわからないのです。

また、原因がソースコードの外側にある場合（たとえば矛盾した要求）も人工知能はバグを取れないかもしれません。

まずはバグそのものを取るというよりも、バグの存在を示唆するところが人工知能の仕事になってくるでしょう。

Chapter ▎バグの典型的な症状

1.7 間違ったタイミングでリアクションする

　兄貴、信号変わったのだ。はやく車を出すのだ。
　よし、ゼロヨンダッシュだ。しっかりつかまれよ、DEBDEB。
　間違ったのだ。変わったのは歩行者用信号で、自動車用信号はまだだったのだ。
　もう止まらないよ！ バギー急発進！
　あ、おまわりさんなのだ。

　適切なリアクションであっても、**タイミングが間違っているとバグとして認識される**場合があります。

　典型的なのが、「終了しました」というメッセージを出しているにもかかわらず処理が続いているケースです。すべてのデータを出力した後で「終了しました」と表示したのに、そのあと時間がかかる終了処理があった場合などによく起こります。

　これは誤訳の問題とはまったく異なっていることに注意してください。これは翻訳の間違いでタイミングを正しく説明できなかったバグではなく、メッセージが正しくともそれを出力するタイミングを間違えている問題です。つまり、このバグは翻訳が関係しないソフトや、誤訳が存在しないソフトにも発生します。たとえば、審査員がジャッジを下す前に「紅組が勝ちました」と示してしまうのは、タイミングのバグです。

　以下は、その典型例です。

```
using System;
using System.IO;

class Program
{
    static void Main(string[] args)
    {
        File.WriteAllText(@"settings.txt", "設定");
```

1.7 間違ったタイミングでリアクションする

```
        Console.WriteLine("設定の変更を拒否する場合は、
                           ⮕settings.txtを書き込みに禁止に設定します。");
    }
}
```

　このプログラムは settings.txt に設定を書き込む機能を持っていて、確かに設定の変更はファイルを書き込み禁止に設定することで回避できます。

　つまり、以下の 2 つの機能が要求されていて、実現されています。

- settings.txt に書き込む
- 設定を変更させないためには、書き込みに禁止に設定するというアドバイスを伝える

ところが、このプログラムには致命的な問題があります。

- 設定変更を拒否する方法の説明が、設定ファイルに書き込んだ後に行われる

　つまり、正しく機能が実現されているにもかかわらず、すでに手遅れになったタイミングでアドバイスが伝えられるため、このアドバイスを生かすことができません。

　では、2 回目の利用の場合はアドバイスを活用できるのでしょうか？

　実は、例外処理が適切に入っていないので、ファイルを書き込み禁止にするとプログラムが例外で停止してしまうだけです。そのような意味でもバグを持っています。

Chapter ▮ バグの典型的な症状

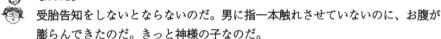

1.8 告知する手段を間違える

- もしもし、兄貴。重大な告知があるのだ。
- なんだ。
- 受胎告知をしないとならないのだ。男に指一本触れさせていないのに、お腹が膨らんできたのだ。きっと神様の子なのだ。
- DEBDEB。いいたいことが2つある。
- 神の子を迎えるのに忙しいから手短に頼むのだ。
- 受胎告知っていうのは、天使がマリアに神の子を身ごもることを告げることで、電話で伝えることじゃない。しかも、隣のシートに座っている兄貴になぜ電話をかける。
- 恥ずかしいからなのだ。
- そしてもう1つ。おまえのお腹が膨らんできたのは妊娠じゃない。ポテチの食べすぎだ。

告知する手段を間違えるのも典型的なバグです。

　たとえば、ログを記録する手段には、数分ごとにポーリングして書き込んだり、ある程度バッファに溜めてから書き込む方式などがあります。それらは、すぐに対応すべき緊急性のあるメッセージを記録する手段には使用できません。

　逆に、数秒間表示されただけですぐ消えてしまうメッセージは、技術者が後からトラブルを解析するヒントとしては使えません。そういうメッセージこそ、長期間保存されるログに記録すべきです。

　以下は実際の例です。

　ファイルが見つからない場合はその旨を告知して終了するコードですが、告知方法が間違っています（実際に実行する場合は管理者権限で起動する必要がある）。

```
using System.IO;
```

1.8 告知する手段を間違える

```
using System.Diagnostics;

class Program
{
    static void Main(string[] args)
    {
        if (!File.Exists("datafil.txt"))
        {
            string sourceName = "SampleApp";
            if (!EventLog.SourceExists(sourceName))
                EventLog.CreateEventSource(sourceName, "");
            EventLog.WriteEntry(sourceName, "ファイルが見つかりません。
                     ➡実行を中断します。", EventLogEntryType.Error);
            return;
        }
    }
}
```

　この場合、利用者がめったに見ないかまたはまったく見ないイベントログに説明を書き込んで終了しています（● 図 1.6）。

図 1.6：利用者が見ないイベントログに記録された

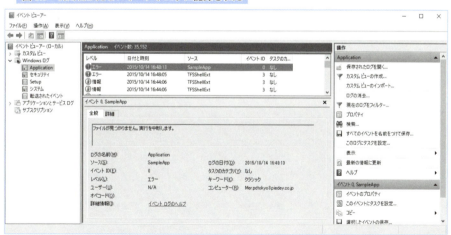

　そのため、たいていの利用者は終了してしまった理由を見ることはなく、**いきなり終了した**と理解します。つまり、バグです。ロジックとしてはおかしくありま

51

せんが、告知方法は間違っています。一般的なダイアログボックスなどを表示してすぐにわかるような方法で説明すべきです。

Column ダンプリストとチェックサム

　パソコンが誕生した頃、ソフトを安価に配布する媒体はまだ紙の雑誌でした。プログラムのリストを印刷し、それを利用者がいちいち入力するのです。

　しかし、入力ミスは必ず起こるものです。

　そこで、これに対応するさまざまな方策が試行錯誤されました。

　高級言語のソースコードはまだマシでした。ある程度コンパイラが間違っている理由を教えてくれるからです。問題は、16進数のダンプリストで配布される機械語プログラムでした。間違っても親切なエラーなどは出てきません。これに立ち向かうことも一種のデバッグでした。そこで、チェックサムを追加するという方法が採用されました。256バイト単位で区切って縦横の1列ごとにチェックサムを付けるのです。これでほぼ確実にどこで間違ったのかがわかるようになりました。

　しかし、紙に印刷する以外の安価な配布方法が広まって、この技術は廃れてしまいました。

　現在は、チェックサムやハッシュ値で間違いなくプログラムが到達しているかチェックするのも容易です。そのため、現在のデバッグで**単に間違い探しをするだけで済まされる**ことはほとんどありません（まったくないとはいえないが）。

　現在、技術だけで解決できるデバッグは、おそらくほとんどありません。人間の知恵と勇気だけが問題を解決できます。

1.9 意図しない例外が発生する

- よし、発進だ。アクセル全開。
- ピー、例外が発生しました。
- おいおい、アクセルを踏んだだけで例外が出るバギーってありか？
- わたしの設計者は制限速度超過のときだけ例外を出すように設計していました。
- まだそんなスピードは出てないぜ。
- 後から調整した整備士が、子供に危険がないよう、制限速度の設定を時速２キロに設定したからです。
- そんな速度設定、設計者は意図してないだろ！

　プログラムはエラー処理のコーディングを省略して例外を発生させて止めることができますが、これは最終手段だと思ったほうが良いでしょう。回復できる見込みがある場合は、できるだけ回復を試みたほうが良いといえます。利用者はデータを失いたくはないのです。また、正しい動作が望めない場合でも、正しく動作するためのガイドはできるだけ提示するとよいでしょう。
　そういう意味で、あまりに**あっさり例外を出して止まってしまうケース**もバグのうちにカウントできます。
　たとえば、以下はその典型例です。

```
using System;
using System.IO;

class Program
{
    static void Main(string[] args)
    {
        Console.WriteLine(File.ReadAllText(args[0]));
```

```
    }
}
```

この場合、そのまま実行すると IndexOutOfRangeException 例外が発生します。

このプログラムはコマンドライン引数にファイル名を指定することを想定していますが、それが指定されていないからです。

しかし、その意図はこの例外からは読み取れません。

実際には「コマンドライン引数にファイル名を指定してください」というメッセージを出すべきです。

もちろん、自分1人しか使わない使い捨てのプログラムならこれでもかまいません。

しかし、誰か他人に使わせることを想定しているなら、ある程度親切な案内を意識したほうが良いでしょう。それを欠いたプログラムは、正しい使い方がわからないため、しばしばバグがあると見なされてしまいます。

1.10 ブルースクリーンが発生する

 へー。自動車に乗ったままみんなで映画を見るイベントか。
 面白そうだから寄っていくのだ。
 でもデバッグ修業が……。
 わたしはこの恋愛映画を見たいのだ。
 しかたがない……。あれ上映が始まらない。
 でもスクリーンはもう青く点灯しているのだ。
ブルースクリーンだ！　上映用のパソコンがシステムエラーで落ちてるんだ！

　OSそのものが動作を継続できないような致命的なエラーが発生した場合、システムはその旨を表示する画面になって停止します。この画面が有名になった頃のWindowsでは青バックの画面で表示されたため、**ブルースクリーン**と呼ばれます（⇒図1.7）。英語ではBlue Screen of Death、BSoDと呼ばれます。すべて大文字でBSODと書かれる場合もあります。

図1.7：ブルースクリーンの例

さて、初期のOSではブルースクリーンを発生させるのは容易でした。システムに致命的なインパクトを与えるようなコードを書くことは容易だったのです。しかし、1つのアプリが正常動作している他のアプリを道連れにしてシステムを落としてしまうのは好ましいことではなく、いまではめったにブルースクリーンを発生させることはできなくなりました。低レベルのデバイスドライバなどにバグがあればブルースクリーンは発生しますが、アプリが意図的に起こすことはかなり困難です。

それでもアプリに特定の操作を行うとブルースクリーンが発生する場合があり、それはバグと見なされることも多くあります。そのような事態の原因はたいていアプリではなく、OSやデバイスドライバにありますが、それでも最初のバグレポートはアプリ開発側に来る可能性が大です。たいていの一般利用者に原因の切り分けはできないからです。

このような場合、原因がアプリ側にないとしても、アプリ側で対策できる場合があります。たとえば、別のAPIを組み合わせて同等の機能を記述するなどの方法で、問題のあるAPIを回避するなどです（→p.21）。

他人の書いたソースコードを見て、わざわざ無駄な回りくどいコードを発見することがありますが、その理由の1つはこれです。誰でももっと簡潔に書けるはずなのに書いていないのは、そう書くと動作しない環境があるからかもしれません。

2.1 開発環境との相違

 よし。今度こそ修理完了だ。よろこべDEBDEB。これで旅を再開できるぞ。
すぐにガレージからバギーを出すのだ。
 あれ、ガレージから出したら動かないぞ……。
 金をケチってプロに修理を頼まないからなのだ。

たとえば、以下のようなソースコードがあるとしましょう。
これは動作します。
実際に動作させてみましょう。確かに **data.txt** というファイルが作成されていて、その内容が出力されます。

```
using System;
using System.IO;

class Program
{
    static void Main(string[] args)
    {
        string text = null;
        if (!File.Exists("data.txt"))
        {
            File.WriteAllText("data.txt", "testdata");
        }
        text = File.ReadAllText("data.txt");
        Console.WriteLine(text);
    }
}
```

Chapter **2** バグの典型的な出現ケース

　では、少しソースコードを変更してみましょう。書き込むデータが100文字を超えている場合は100文字に制限してみましょう（ここでは単純に Length プロパティで取得できる値を文字数と見なしている）。

```
if (text.Length > 100)
{
    text = text.Substring(0, 100);
}
```

　これらを、File.WriteAllText("data.txt", "testdata"); の次の行に入れます。

```
using System;
using System.IO;

class Program
{
    static void Main(string[] args)
    {
        string text = null;
        if (!File.Exists("data.txt"))
        {
            File.WriteAllText("data.txt", "testdata");
            if (text.Length > 100)
            {
                text = text.Substring(0, 100);
            }
        }
        text = File.ReadAllText("data.txt");
        Console.WriteLine(text);
    }
}
```

　これは動作するでしょうか？
　動作します。
　しかし、他のマシンにコピーすると動作しません。
　なぜかといえば、このプログラムは data.txt が存在しない環境では100パーセント例外で落ちるからです。しかし、開発環境では開発途上のバージョンで data.txt が生成されてしまっているので、問題を起こすコードが実行されず、うまく動いてい

60

2.1 開発環境との相違

るように見えます。

　**開発環境では動いたのに、他のマシンに持っていくと動かないというのは典型的な
バグ**です。ファイルの有無が原因になるのは理由の１つにすぎません。いくつもある
原因を切り分けて、原因と修正すべき個所を突き止める必要があります。

Column　デバッガと IDE

　現在、統合開発環境（IDE）にデバッガが統合されているのは普通のことです。しか
し、昔からそうだったわけではありません。たとえば Visual Studio の遠い祖先に当
たる PWB（*Programmer's Workbench*）にデバッガは含まれていませんでした。
ソースコードの編集画面でブレークポイントを設置して実際に止まることに感動した
のは、その後の時代なのです。

　では、統合開発環境とデバッガを分離することに何か意味があったのでしょうか？

　おそらく、あったのでしょう。

　その当時使用されていたデバッガは多数ありました。対象とする OS ごとに別々の
デバッガが提供されていたほどです。機能や目的のために別のデバッガが提供される
場合もありました。それらのニーズをすべて統合して、統合開発環境（IDE）に入れ
るにはスケールが大きすぎたのでしょう。当時はまだ処理速度も記憶容量も不足気味
だったのです。

　この状況は、最近ではかなり緩和されています。多くのデバッグ機能が Visual
Studio に統合されていて、いちいち使用するデバッガを区別する必要はありません。

　しかし、忘れてはなりません。統合されているのは使用頻度の多い環境用だけだと
いうことを。

　やはり、統合されていない貧弱なデバッグ機能を使用するケースは残されているの
です。

　それゆえに、これだけはアドバイスしましょう。

　特に要求されない限り、幅広く普及した環境のためにプログラムを書きましょう。
そうなれば、手厚いデバッグ支援機能が付いてきます。

　ただし、例外的に Windows Phone は、世界的に利用者の割合は多くないといわ
れているにもかかわらず、デバッグ環境は強力です。それにはさまざまな経緯があり
ます。

2.2 初期値

 DEBDEB、ほら今日のお小遣いだ。
 これは10円玉なのだ。昨日は100円玉だったのだ。
 硬貨1枚なんだから大差ないだろう。
 金額の10倍差は大問題なのだ。10円では安売り自販機の缶コーヒーも買えないのだ。
 理屈がうるさいなあ。
 それなら兄貴も、1万円のフィギュアはいらないのだ。100円のお菓子のオマケでいいのだ。

　C言語などの古い世代のプログラミング言語には**変数の初期値が不定になる場合がある**という問題があります。そのため、たまたま通る値だったときは動き、通らない値だったときだけ落ちるという問題がありました。
　C#では不定値の変数は許されていないので、この問題が起こることはありません。
　しかし、この問題から完全に自由になったわけではありません。
　初期化に使用する値を乱数や外部から取得した場合、実行する状況次第で動く値を受け取ったり、動かない値を受け取る場合があります。
　たとえば、以下のプログラムは二分の一の確率で例外で落ちます。落ちるか落ちないかは実行してみないとわかりません。

```
using System;
using System.IO;

class Program
{
    static void Main(string[] args)
    {
```

```
        var r = new Random();
        var n = r.Next(2);
        Console.WriteLine(100/n);
    }
}
```

　このような、**予測できない値はテストの天敵**です。いくら厳重にテストを行っても、非常に低い確率で発生する例外までは確認し切れないからです。

2.3 画面解像度の違い

DEBDEB。この店はいいぞ。中古テレビがたったの1000円だ。
兄貴、10000円って書いてあるのだ。
DEBDEB。おまえ、ポテチの食べすぎで目が悪くなったのか？
場所を替わるのだ。こっちから見るのだ。
あ……。この角度からだと0がもう1つ見える……。

開発環境では動いたのに…… の亜種を包含するトラブルです。
　画面解像度の違いにより、必要な情報が見えなくなったり、表示が崩れる問題 が起こります（→図2.1）。これは状況次第では致命的なバグになります。たとえば、絶対に操作しなければならないボタンが画面外に出てしまうと、操作できない場合もありえます。

図2.1：解像度の違い

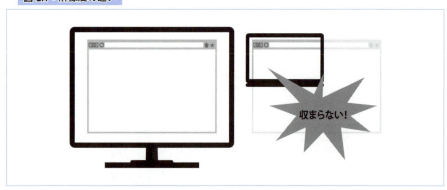

　この問題は、比較的よく起こります。
　なぜなら、開発マシンは比較的画面が広いことが多く、それに合わせて画面レイア

2.3 画面解像度の違い

ウトを作成すると、最小クラスの画面サイズでははみ出しがちになるからです。さらにテスターも画面の大きなハイパワーマシンを使用していると、より見過ごされがちになります。

しかし、サポート最小画面サイズでの動作を保証することは、開発者あるいはテスターとしての責務です。サポートされる最小サイズでの動作を保証するため、最小構成の動作確認用マシンや仮想マシンを用意しておくとよいでしょう。特にテスターには当然の責務となります。

Column ワンモニタデバッグが破綻していた時代

1970 年代からしばらくの間、個人が使用する高級言語は BASIC 言語でした。C 言語は高嶺の花であり、C# にいたってはまだ誕生すらしていませんでした。

このときの BASIC 言語には簡単なデバッグ機能が含まれていて、デバッガ内蔵と見なすことができました。

ところが、たいてい画面は 1 つしか存在しないうえ、デバッグ対象のプログラムとデバッガは同じ画面を使用していました。つまり、プログラムを一時停止させてデバッガに制御を移行すると、それだけで画面表示が破壊されてしまうのです。そのまま実行を継続させても壊れた画面は戻りません。

この問題は完全に過去のことになったわけではありません。

やはりデバッグ機能が画面表示に影響を与える場合があるのです。

たとえば、Visual Studio で Universal Windows アプリのプロジェクトをデバッグ実行すると、画面上にフレームレートを示す数字が出てきてウィンドウの一部を隠してしまいます。もし、そこに重要な情報が表示されていたらアウトです。

この場合は、表示位置を変更するか、フレームレートが出ないように設定を変更してデバッグ実行を行う必要があります。

Chapter 2 バグの典型的な出現ケース

2.4 メモリ容量の違い

 兄貴、モグモグバーガーなのだ。
 我が町にあったチェーン店がこんな遠くにもあったのか。
 懐かしいから寄っていくのだ。
 で、メニューは何がいいんだ？
 超特大バーガーなのだ。
 うげ。大きい……。
 これぐらい食べないと満足できないのだ。
 俺と DEBDEB では、胃袋の容量が違うんだよ。

　いまどきの PC のメモリの大容量化はとどまるところを知らず、しかも、仮想記憶まで用意されています。しかし、**すべてのマシンが莫大なメモリを持っている**と思うとそれは間違いです。
　これは**開発環境では動いたのに**の亜種を包含するトラブルでもあります。
　一度読み込んだデータは再読み込みすると遅くなるので、変数に保存しておこう……と思うことは多くありますが、巨大データに対してそれを行うと、メモリが溢れて処理を継続できなくなることがあります。その限界値はマシン環境により容易に増減します。PC とスマホでは大きな差が出るほか、PC 間でも差が付きます。たとえば、メモリ 16G バイト搭載の開発マシンとメモリ 2G バイト搭載の低価格タブレットでは、走っている OS がたとえ同じでも、処理能力には大きな差があります。
　また、アーキテクチャが 32 ビットか 64 ビットかで違いが出る場合もあります。実際、うまく動いていると思っていたプログラムを、間違って x86（32 ビット）に切り替えて実行したら動かなかった経験が筆者にもあります。
　つまり、動くための最小構成と、全力で仕事ができる最小構成は違うものなのです。

2.5 環境のバージョン間非互換性

　喜べ、バギーちゃん。バギー用のスーパーチャージャーを買ってきたぞ。中古だけど。
　そのパーツはわたしには取り付けられません。
　なんでだよ。バギーちゃん用だぞ。
　それは1982年モデル用です。わたしは1983年モデルです。
　似たようなものじゃないか。
　たった1年の差でも、取り付けネジの位置が違うのです。それだけでオプション機器が付きません。

　通常、APIは、互換性を意識してそう簡単に仕様を変えないものでした。たとえOSやライブラリがバージョンアップしても、同じように使用できるように作成するのが普通です。しかし、どうしてもやむをえず仕様を変えてくる場合もあります。
　しかし、本当に深刻なのはこの問題ではありません。
　実は、しばしば**APIを規格外で使用してしまう**場合があるのです。つまり、バグです。しかし、たまたまそれで動いてしまった場合、見過ごされることも多いのです。いくらAPIに仕様外の値を渡しても、それで意図した結果が得られればそれはバグとは見なされないのです（実際には、潜在的なバグの可能性があると認識すべき）。
　しかし、これがバージョン間の非互換性を発生させる場合がわりと多くあるのです。ライブラリなどの開発側はドキュメント化されていないAPIの挙動まで互換性を持たせようとすることは少ないからです。よりマシな実装になった結果、ドキュメント化されていないAPIの挙動に非互換性が発生するのはよくあることです。
　実際に筆者が経験した事例を紹介しましょう。
　AとBの比較を行って、Aのほうが大きいなら正の数、同じなら0、Bのほうが大きいなら負の数というドキュメントが書かれたAPIを扱っていたときです。英語版のコードを日本語化するためにこのコードを新規に書き直しました。

そこで筆者は、1か0か-1を返すコードを書きました。しかし、それでは動かないアプリが出てきました。実はこのAPIは、実際には大小を判定しておらず、AとBを引き算した結果を返していたのでした。確かに引き算するだけで**Aのほうが大きいなら正の数、同じなら0、Bのほうが大きいなら負の数**にはなります。しかしながら、**引いた結果**という結果の値を利用するアプリがあったのでした。これは予想外でした。これは、簡単に誤動作が発生しうる事例、つまりは、バグの温床の例といえるでしょう。

2.6 通信回線の不調

- 兄貴、このゲームの解き方を教えるのだ。
- どれどれ。「ドキドキ・オンラインゲーム 君にもパズル解けるかな」……、これなら10回解いた。解くための手順を確立済みだ。全部説明してやろう。
- こういうときだけ兄貴は頼れるのだ。
- えっへん。
- 兄貴、手順書のとおりに実行できないよ。ゲームが解けないよ。
- そんなバカな。絶対にありえない。ゲームの要素はすべて解析済み。関係ない条件が入るはずはない。
- リロードしたらメンテナンス中の画面に変わったのだ。
- えっ？

たとえば、`<Message>OK</Message>` または `<Message>Error</Message>` のどちらかのXML文書を返すと決まっているサーバーがあるとします。

このサーバーを利用する以下のコードは安全でしょうか？

```
using System;
using System.Xml;

class Program
{
    static void Main(string[] args)
    {
        var doc = new XmlDocument();
        doc.Load("http://xxx.piedey.co.jp/data.xml");
        Console.WriteLine(doc.InnerXml);
    }
```

```
}
```

指定された URL が `<Message>OK</Message>` でも `<Message>Error</Message>` でも、どちらも正常に受け付けて XML の DOM ツリーを作成してくれます。ここでは大ざっぱに `InnerXml` で XML 文書全体を文字列に展開していますが、ツリーを自由に解析して処理できます。

では、このコードには死角があるでしょうか？ テスト段階では 1 回も問題を起こしていません。それにもかかわらず問題はあるのでしょうか？

結論からいえば、問題があります。

そもそも、`<Message>OK</Message>` または `<Message>Error</Message>` **のどちらかの XML 文書を返す**というのは、サーバーが正常に動作しているときの話です。過負荷、メンテ中、途中経路の問題、ダウンなどの理由により、サーバーは正常に利用できない状態かもしれません。そのような場合、普通なら、可能な限りエラー内容を示すメッセージを出力しようと努めます。しかし、そのエラーメッセージが XML 文書として正しい可能性はほとんどありません。XML 文書は基本的に**機械可読**（*machine readable*）であり、人間が読むことをあまり想定していないからです。

この場合、このコードは例外を出して落ちます。

原因は、さまざまでしょう。

しかし、1 つだけいえることがあります。

もし、同じ実行ファイル内にあるメソッドが、`<Message>OK</Message>` または `<Message>Error</Message>` **のどちらかの XML 文書を返す**という仕様なら、どちらかが返ってくると想定するのはリーズナブルです。しかし、たとえばメモリ不足でどちらも返せないような状況なら、そもそもプログラムは止まるしかありません。この想定はあまり意味がありません。

しかし、遠隔地のサーバーの場合は話が別です。

つねに意図したデータが取得できない可能性を想定しなければなりません。

データが受信できない、あるいは受信したデータが意図した内容ではない場合でも、その旨を適切に利用者に伝達すべきであり、黙って例外で落ちるのは好ましいことではありません。そして、しばしばこれはバグと見なされます。

これは、どれほど完璧を期してテストを行って動作の確実さを確認しても回避できない問題です。

2.7 サーバーがエラーを返す

 兄貴兄貴。大変なのだ。ネットのクジが**一等賞**なのだ。
 偉いぞDEBDEB。そのお金で俺様の最新鋭開発マシンを買おう。
 ダメなのだ。全額ポテチを買うのだ。
 あれ。どこに**一等賞**って出ている？
　ほらここなのだ。
　よく見ろ。**宝くじコーナー等賞**と書いてあるぞ。どうやら**一**や**二**が入っていた箇所に**宝くじコーナー**と送信されるようになり、表示がバグったみたいだな。
 違うのだ。**宝くじコーナ**が**一等賞**なのだ。
 姓が**宝くじ**で名前が**コーナ**かよ。

　たとえば、**その月のデータの平均値を返す**という仕様のサーバーがあったとします。そして、100回呼び出して、確かに必ず平均値が返ってくることを確認したとします。
　もちろん、データが取得できない場合の対策はバッチリだとします。
　より具体的には、以下のように想定しました。

> HTTPのステータスコード200で正常にデータの受信が完了した場合は、受信した内容を平均値と見なして数値型のデータに変換して処理をする

ところが、このシステムは、翌月の1日にエラーで止まりました。
なぜでしょう？
このサーバーの正しい仕様は以下のようなものでした。

> **その月のデータの平均値を返す。ただし、その月の初めはデータがまだ1つも蓄積されていないので、平均値が計算できない。その場合は、NOT READY の文字列を値の代わりに返す。これはエラー状態ではなく、運用上の正常な状態の**

1つなので、HTTPのステータスコード200で返送する

しかし、この仕様は発見しにくい場所に置かれていて、開発者は見落としていました。品質を確認するテスターは十分に彼に与えられた仕事を行いました。しかし、彼に与えられた時間はわずか1週間でしかなく、その期間内に月の頭の日付は含まれていませんでした。

これは、**サーバーが正常に返送するすべてのデータを把握できていない**ことで発生したバグといえます。しかし、正月やクリスマスだけ変化するメッセージなどは、テスターの努力だけでは検出できない可能性があり、つねに完全ではないかもしれません。特に、バージョンアップで変化してしまう仕様に関しては、事前に対策することは非常に難しいといえます。事前に変更のアナウンスがあっても、そのときにタイムリーに開発者を割り当てることができるかわかりませんし、割り当てられたとしても、実際に稼動するサーバーが公開されていなければ、動作の完全な検証は難しいかもしれません。

また、ベータ版のサーバーで動作するように仕上げても、実際に運用に入ったサーバーの仕様が変化していて動作しない場合もあります。そのことについて事前アナウンスがなく、正式版のサービスインと同時にベータ版サーバーが止まったりする場合は、プログラムが一時停止することは避けられません。

Chapter 3
バグの典型的な例

The Way to Be a DEBUG Star

Chapter 3 バグの典型的な例

3.1 名前の取り違え

 ポテチ女王、行くぞ。
 あい。
 おまえ誰だ。DEBDEB じゃないな。
 あたしはポテチ女王、ポテポテ。ポテチ工場のクイーンだよ。わたしを呼んだってことはナンパ？ いいわよ、どこにでも行きましょうよ。
 ちゃんと DEBDEB って呼んでおけば良かった！

　たとえば、デバッグ・スター君は、以下のようなサンプルソースをネットで探したとします。

```
using System;
using System.Collections.Generic;

class Program
{
    private static IEnumerable<int> getNumbers()
    {
        yield return 1;
        yield return 2;
        yield return 3;
    }

    static void Main(string[] args)
    {
        foreach (var item in getNumbers())
        {
            Console.WriteLine(item);
```

Chapter **3** バグの典型的な例

```
        }
    }
}
```

実行すると "1(改行)2(改行)3(改行)" を出力します。

これを参考にデバッグ・スター君は以下のようなソースを書きました。これで動く
はずです。

```
using System;
using System.Collections.Generic;

class Program
{
    private static IEnumerator<int> getNumbers()
    {
        yield return 1;
        yield return 2;
        yield return 3;
    }

    static void Main(string[] args)
    {
        foreach (var item in getNumbers())
        {
            Console.WriteLine(item);
        }
    }
}
```

ところが、これはコンパイルエラーになります。

エラー個所は getNumbers メソッドを呼び出す部分です。

しかし、いくらそこを見ても間違いはありません。

かといって、他の個所も間違っていないように見えます。すべてのキーワードはイ
ンテリセンスを使って入力しているし、型名は水色、基本キーワードはすべて青色で
す（Visual Studio の標準設定の場合）。綴りは間違っていないはずです。しかも、確
実に動くと断言されていたネット上のサンプルソースを入力しただけです。動かな
いとはおかしな話です。

このような込み入った問題が発生する原因は何でしょうか？

原因は、IEnumerable と IEnumerator の取り違えです。つまり、**名前の取り違え**です。

元ソースは IEnumerable を使用していますが、デバッグ・スター君は IEnumerator を入力してしまいました。

なぜでしょう？

存在しない型名の綴りを入力すれば、Visual Studio で水色には表示されないはずです。そもそもインテリセンスでは存在しない名前を入力できないはずです。

結論をいえば、IEnumerable と IEnumerator はどちらも存在するインターフェースの名前ですが、機能が違っているからです。名前はよく似ていますが、機能は違うので、誤用すれば当然エラーになります。

このような、紛らわしい名前の取り違えは、インテリセンスでは防止できません。どちらも正しい名前なので、入力可能だからです。しかし、間違いは致命的です。

この場合、デバッグ・スター君が取るべき態度はいくつかあります。

(1) ネットのサンプルソースをもらってきて試す場合は、コピー＆ペーストが基本。自分で入力するからキーワードの取り違えが発生する。全体をコピーしない場合でも、重要なキーワードはコピーしたほうが良い

(2) 紛らわしいキーワードについての知識を持ち、間違えないようにする

たとえば、以下の 3 行の using 文があるとき、インテリセンスでは、"IE" で始まるキーワードはその下に示した 7 種類もリストされます。

```
using System;
using System.Collections;
using System.Collections.Generic;
```

- IEnumerable
- IEnumerable<T>
- IEnumerator
- IEnumerator<T>
- IEqualityComparer
- IEqualityComparer<T>
- IEquatable<T>

"IEn" で始まる名前だけでも 4 種類、"IEq" で始まる名前も 3 種類です。注意は絶対に必要です。

Chapter 3　バグの典型的な例

3.2 綴りのミス

　君の名前は？
　DEBDEB だよ。
　おデブちゃん？
　DEBDEB だよ。
　間違ってないじゃない。太ってるし。
　違うのだ！　DEBDEB！
　わかった。デブのデブデブちゃん。
　助けて兄貴、バギーちゃん。

近年、意外とシンプルな**綴りのミス**によるバグが発生しています。たとえば、ASP.NET MVC で以下のようなコードがあったとします。まず、コントローラに次のようなメソッドがあるとします。

```
public ActionResult Index()
{
    ViewBag.Message = "Hello.";
    return View();
}
```

これに対応するビュー（`index.cshtml`）には次のようなコードがあるとします。

```
<p>@ViewBag.Messsage</p>
```

見てわかるとおり、`Message` の綴りが間違っています。そのため、意図した `"Hello."` という文字列は出力されません。しかし、開発環境はこの綴りのミスを検

出してくれません。`ViewBag` は `dynamic` 型なので、メンバーの有無をコンパイル時に確認しないのです。つまり、綴りのミスは実行時にならないと発覚せず、しばしばリリース後に発見されてバグと呼ばれてしまいます。

　同じような問題は XAML のバインディングにもありました。最近まで、XAML 中に書き込んだバインディング式に書かれた名前が C# 側のソースコードに本当に存在するのかはコンパイル時にチェックされていませんでした。その結果、些細なつまらない綴りミスが見逃されて調査に半日を使うことなど普通でした。

　また、JavaScript のような厳格なチェックを行わない言語を使用せざるをえない場合も、単純な綴りのミスが発生しがちです。JavaScript の場合は、厳格なチェックを可能とする `strict` モードを利用したり、TypeScript を利用するといった方法で回避ができます。

　C# そのものにも、`dynamic` 型や、`Expando` オブジェクトなどのチェックを無効化する機能が多くありますが、これらはあまり利用例がありませんし、実際に積極的に使うものではないでしょう。

Chapter 3　バグの典型的な例

3.3 境界値のミス

 バギーちゃんが止まったのだ。兄貴、修理を呼ぶのだ。
 ええと。修理サービスはと。フォートランタウンのときはランラン修理へと。パスカルタウンの場合、パスカル修理サービスへと。ここはどっちだ？
 ここは境界線の川をまたぐ橋なのだ。
 で、橋はどっちなんだ？
 そんなことは知らないのだ。

　以下のプログラムは、2つの配列の値を足し合わせてすべて出力するために作成されています。出力データ数は、個数が少ない側の配列に合わせます。

```
using System;

class Program
{
    static void Main(string[] args)
    {
        int[] ar1 = { 1, 2, 3, 4, 5 };
        int[] ar2 = { 7, 8, 9 };
        for (int i = 0; i < Math.Max(ar1.Length, ar2.Length); i++)
        {
            Console.WriteLine(ar1[i] + ar2[i]);
        }
    }
}
```

　実際に実行すると、"8(改行)10(改行)12" と出力しますがその後で例外が起きて落ちます。

例外が起きる原因は以下の式にあります。

```
Math.Max(ar1.Length, ar2.Length)
```

個数が少ない側に合わせるつもりが、これでは個数が多いほうに合わせてしまいます。ですから、Max を Min に書き換えればバグは取れます。

これは一般化していえば、**境界値の問題**です。

数値をカウントする場合、たいてい**ここまでは行ってくれないと困る、ここから先は行くと困る**という境界値が存在します。

初期値にも同じような問題が存在します。あるいは、数値を判定する上限値、下限値にも同じような問題が存在します。これらはいずれも、1つでも値を間違えると問題が起きるにもかかわらず、比較的間違えやすいのです。

ですから、このような境界値の問題は比較的多く見られます。

具体的には、たとえばループ変数の開始値が挙げられます。この開始値で値を1つ間違えてしまうことが多くあります。これは、ループ変数の加算を最初に行うか最後に行うかで初期値が1つずれるからです。

わかりやすいように、あえて do 文で1から3までを出力するプログラムを作成してみましょう。

以下は初期値が0の場合です。出力前にカウントアップします。

```
using System;

class Program
{
    static void Main(string[] args)
    {
        int i = 0;
        do
        {
            i++;
            Console.WriteLine(i);
        } while (i < 3);
    }
}
```

それに対して、以下は初期値が1の場合です。出力後にカウントアップします。

Chapter **3** バグの典型的な例

```csharp
using System;

class Program
{
    static void Main(string[] args)
    {
        int i = 1;
        do
        {
            Console.WriteLine(i);
            i++;
        } while (i < 4);
    }
}
```

C# でこのようなコードを書く可能性はほとんどありませんが、込み入ったループを書いていると、これに似た構造を含んでしまう場合があります。

もう1つは、ループの終了判定での不等号の問題です。for 文で1から3まで出力するのは、以下のように書くだけで実現できます。

```csharp
using System;

class Program
{
    static void Main(string[] args)
    {
        for (int i = 1; i < 4; i++)
        {
            Console.WriteLine(i);
        }
    }
}
```

ところが、不等号を間違えて i < 4 の代わりに i <= 4 と書くと、意図よりも1回多くループを繰り返してしまいます。

不等号のミスは大小判定でも比較的よく見られます。

たとえば、変数の値が正のときだけ実行するという意図を以下のように書き間違うことがあります。

82

3.3 境界値のミス

```
using System;

class Program
{
    static void Main(string[] args)
    {
        int i = -1;
        if (i > 0) return;
        Console.WriteLine("working");
    }
}
```

このミスは、以下の2つに機能を分解した結果起こります。

変数が正であるかを判定する
処理させないときはリターンする

ここで、第1の意図した条件は "if (i > 0)" であり、第2の意図した条件は "return;" です。

しかし、2つを組み合わせたとき、それぞれが意図した条件が逆なので誤動作します。

ありえないように思うかもしれませんが、複雑な条件が重なる複雑なケースでは、これと同じ問題がこっそり忍び込む場合があります。複雑な式を書いていると、前半の前提が後半まで完全に記憶されない場合があるからです。

Chapter 3　バグの典型的な例

3.4
副作用の勘違い

　あたしはもう眠いのだ。
　珍しいな。DEBDEB。
　さっき飲んだクスリの副作用なのだ。
　ウソつけ。ポテチで満腹したからだろう？　何袋空けた？
　たったの3袋なのだ。お徳用が2袋混ざっていたけど。

以下のコードは何を出力するでしょうか？

```
using System;

class Program
{
    static void Main(string[] args)
    {
        int i = 0;
        if (i++ == 0)
            Console.WriteLine(i);
    }
}
```

「== 0」で 0 と一致しているか判定しているので、0 を出力するような気がした読者もいると思います。あるいは、変数の後の ++ 演算子は処理後に変数を加算するので出力後に増えるわけだから、0 が出力されるはずだと思った読者もいるでしょう。
　しかし、実際には 1 を出力します。
　理由は簡単で、変数 i への加算は、i++ == 0 という式の評価後に行われるからです。つまり、Console.WriteLine(i); が実行されるとき、変数 i の値はすでに 1 になって

います。

　このような問題は、しばしば言語仕様の勘違いなどによって見過ごされて**なかなか取れないバグ**化する場合があります。
副作用を起こす演算子はあまり使用すべきではないといわれる一因です。

Column　デバッガと高級言語

　日本で一般の個人が買えるようになった最初のコンピュータ製品は、おそらく NEC の TK-80（1976 年）でしょう。このとき、高級言語は使えたのでしょうか？　デバッガは使えたのでしょうか？

　結論からいえば、まだ高級言語は使えませんでした。CPU が理解する機械語そのものを扱わないと何もしてくれない機械だったのです。しかし、内蔵された機械語モニタには、原始的なデバッグ支援機能が含まれており、デバッガの原形はすでに存在していたことになります。つまり、これに限っていえば、高級言語よりもデバッガの歴史のほうが古いということになります。

　なぜでしょうか？

　高級言語で書こうと機械語で書こうとバグは出ます。むしろ機械語で書いたときのほうがバグは出やすくなります。わかりにくい原始的な言語だからです。それゆえに、デバッガは何よりも先に必要とされたのだろうと思います。

　ちなみに、高級言語は TK-80 のオプション機器として後から発売された TK-80BS でやっと利用可能になりました。

Chapter 3 バグの典型的な例

3.5 nullのまま走る

- 変なインチキワックスを塗るから、バギーちゃんがぬるぬるになってしまったのだ。
- しかし、信号が青に変わった。走ろう。
- ぬるぬるのまま走るのはいやなのだ。
- ここでトリビア。null の読み方はヌルではなくナルだぞっ！
- 無駄なトリビアをいっている間に、信号が赤にナルのだ。
- えっ？

以下のプログラムは特に問題なく動いているように見えます。

```
using System;
using System.IO;

class Program
{
    static void Main(string[] args)
    {
        var reader = new StringReader("Hello");
        for (;;)
        {
            var s = reader.ReadLine();
            Console.WriteLine(s);
            if (s == null) break;
        }
        reader.Dispose();
    }
}
```

3.5 nullのまま走る

ところが、**出力する文字列を小文字化するための ToLower メソッド呼び出し**を以下のように追加するだけで例外で落ちるようになります。

```
Console.WriteLine(s.ToLower());
```

理由は、文字列の終端に達したとき変数 s は null になりますが、それを適切に判定してループを抜け出していないからです。そのため、null 値を出力しようとしますが、運良く Console.WriteLine メソッドは引数が null でも例外は出しません。しかし、null 値に対してインスタンスメソッドである ToLower は呼び出せません。ここで例外が起きます。

このような **null 値を想定しない区間を null のまま走る**というのも、バグの典型的なパターンの 1 つです。

原因はさまざまですが、上のソースコードの場合はループを脱出する if (s == null) break; を入れる個所を間違えているのが原因です。このコードは本来、変数 s を利用する前に入れなければなりません。

ちなみに C#6 では以下のように書き直すという回避策があります。

```
Console.WriteLine(s?.ToLower());
```

しかし、これは愚策です。これは s が null なら ToLower を呼び出さないため例外が起きないというだけで、WriteLine メソッドそのものは実行されます。そのため、例外が発生しなくても無意味な改行が 1 つ出力されてしまいます。

Chapter 3 バグの典型的な例

3.6 別のオブジェクトの参照

おい、DEBDEB。これチョコレートドリンクじゃないか？ エスプレッソじゃないぞ。
何をいってるのだ兄貴。あたしはちゃんとエスプレッソ買ってきたのだ。
じゃあ、この中身はなんだ。
兄貴、あたしのと間違えてるのだ。コップのデザイン同じだから。
えっ？

たとえば以下のようなソースコードがあるとします。"I was graduated." という出力を期待しています。しかし、実際には "I'm a student." という結果を出力します。

```
using System;

class Program
{
    static void Main(string[] args)
    {
        var a = "I'm a student.";
        var b = a;
        a = "I was graduated.";
        Console.WriteLine(b);
    }
}
```

期待と結果が食い違う理由は、変数と参照の関係の間違いにあります。
本来の意図はこうなっていたはずです。

❶変数 a に "I'm a student." を入れる

3.6 別のオブジェクトの参照

❷変数 b を変数 a と同じにする

❸変数 a に "I was graduated." を入れる

❹変数 b は変数 a と同じオブジェクトを参照しているはずなので、同じ値である
はずだ

この考えが間違っている理由は、読者の皆さんには簡単におわかりだと思います。

しかし、込み入ったソースコードでは、**意図したオブジェクトとは別のオブジェク
トを参照**している、という事態が起き、それがバグとなります。

たとえば、以下のように書かれたとき、すぐにバグの所在がわかるでしょうか？
このプログラムは、100 分の 1 の確率で "A" を返し、それ以外は "B" を返すメソッド
を 2 回呼んで、同じ値なら Good、別の値なら Bad を出力するはずですが、実際に試
すと Good しか出てきません。

```csharp
using System;
using System.IO;

class Program
{
    private static string randomSelect()
    {
        var r = new Random();
        if (r.Next(100) == 100) return "A";
        else return "B";
    }

    static void Main(string[] args)
    {
        var a = randomSelect();
        var b = randomSelect();
        if (a == b)
            Console.WriteLine("Good");
        else
            Console.WriteLine("Bad");
    }
}
```

バグの原因は、if (a == b) という条件判定式にはなく、実際には r.Next(100) ==
100 という式にあります。r.Next(100) は 0 から 99 までの乱数を生成してくれますが、

89

Chapter **3** バグの典型的な例

絶対に 100 にはなりません。つまり、`randomSelect` メソッドは必ず "B" を返します。
　このような事例ならバグを見つけることはそれほど難しくありません。しかし、実際には、`if (a == b)` に相当する部分が不確かで疑わしい複雑なコードになっているので、そちらを調査しがちです。実際に判定式にバグがある場合もありますが、元データが意図とは違うオブジェクトになっているというケースも典型的なものです。

Column　デバッグ機能が割を食うとき

　筆者が初めて手に入れたパソコンらしいパソコンは PC-8001（1979 年）といいます。日本で最初に売れたワンボードマイコン、TK-80 の子孫ということになります。ところが、デバッグ機能という面に着目するととても後継機とはいえませんでした。高級言語である N-BASIC を装備したことは良いことなのですが、機械語のデバッグ機能は TK-80 よりも後退しており、機能は低かったのです。
　なぜでしょうか？
　それは、N-BASIC のサイズが大きく膨れ上がった結果、容量不足でマシン語モニタの機能を充実させることができなかったためだといわれています。小規模に限定された Tiny BASIC は 2K バイト、スタンダードの BASIC は 8K バイト、他の拡張 BASIC でも 12K バイトという時代に、24K バイトに近い容量を使ってしまったのです。おそらく、まさか 24K バイトのメモリのほとんどを N-BASIC で占めてしまい、マシン語モニタ用のメモリが残らないとは思ってもいなかったのでしょう。
　その分 N-BASIC は破格に多機能にはなりましたが、マシン語モニタの機能は制限され、特にデバッグ機能はほとんど消えてしまいました。
　利用頻度が低いと見なされると、高度なデバッグ機能は真っ先に削られてしまう場合もあるのです。
　しかし、これは過去の話とも言い切れません。
　統合開発環境と作成したアプリを同時に実行できるだけのリソースがない貧弱なマシンで開発を行うことを強要されるとき、統合開発環境からアプリを実行してデバッグを実行できない場合もあるのです。そのような場合は、統合開発環境でビルドを行い、実行ファイルが完成した時点で統合開発環境を終了させてメモリを解放し、その後でアプリを実行させる必要があります。当然便利なデバッグ機能は使用できません。
　もちろん、開発者はパワフルなハイパワーマシンを使いたいと思うでしょう。しかし、故障などの理由で暫定的に貧弱なマシンで開発を行う必要が発生することも確かにあるのです。

3.7 意図しないメソッドの呼び出し

- なんだこれは。こんなものはエスプレッソじゃない！ 店員に文句をいってやる。DEBDEB、店員を呼び出せ。
- 兄貴、店員が来ないで警官が来たのだ。店員が警官を呼び出したのだ。
- なんだって？
- バギーちゃんの駐車違反がばれたのだ。
- 逃げろ、DEBDEB。

意図しないメソッドの呼び出しなどということがあるのでしょうか？
名前が違えば、すぐに別のメソッドだとわかるのではないでしょうか？
　たとえば、0から9までの乱数がほしいので、こういうプログラムを作成したとしましょう。

```
using System;

class Program
{
    static void Main(string[] args)
    {
        var r = new Random(10);
        Console.WriteLine(r.Next());
    }
}
```

しかし、これは2041175501という値しか出力しません。つまり、0から9までという指定範囲に収まってもいないし、ランダムな値がほしいというリクエストにも適合していません。

Chapter **3** バグの典型的な例

　理由は簡単で、呼び出すコンストラクタとメソッドを間違えているからです。しかし、名前は間違っていません。

　本来の意図を実現するには、こう書かなければなりません。

```
using System;

class Program
{
    static void Main(string[] args)
    {
        var r = new Random();
        Console.WriteLine(r.Next(10));
    }
}
```

　つまり、初めに挙げたプログラムには以下の2つのバグがあるのです。

- 毎回違った値で初期化されてほしい乱数オブジェクトを作成するコンストラクタを呼び出しているつもりで、乱数の種を指定するコンストラクタを呼び出している。固定値の種を指定しているから、永久に固定値しか戻って来ない
- 指定値より小さいランダムな整数を得るには、Next メソッドに指定値を引数として渡す必要があるのに、Next メソッドに引数を設定していない。つまり、上限の指定が存在していない

　このように、**同じ名前でも引数が違うと機能が異なるメソッド**の使い方を間違うことがあります。また、**名前が似通っていて紛らわしいケース**もあります。名前が似ていて引数まで似通っていると、つい間違えてしまいがちです。

3.8 アルゴリズムの誤用

 DEBDEB、いいことを教えてやろう。釣り銭計算のアルゴリズムだ。
 アルゴリズムって何だか知らないのだ。
 いいか？ 渡した金額から買ったものの金額を引くのだぞ。そうすると釣り銭の金額がわかる。店員から戻ってきたお釣りが同じ金額かどうかちゃんと確認するんだ。
 そんなことはいつもやってることなのだ。で、アルゴリズムって何なのだ？ 体操の一種？
 体操じゃない！ それは間違ってる！

　夜中にはさまざまなアルゴリズムがあります。ここでは、数値の最小ビットを調べるだけで偶数と奇数を判定できるというアルゴリズムを例にしてみましょう。つまり、数値と1を＆演算子で計算し、得られた数値が0なら偶数、1なら奇数というアルゴリズムです。
　しかし、これはあくまで整数の数値を扱うものです。Unicodeの文字コードが対象ではありません。
　文字コードが対象だと勘違いして以下のようなコードを書いても、実はうまく動作してしまいます。

```
using System;

class Program
{
    static void Main(string[] args)
    {
        string s = "0123";
        foreach (var ch in s)
```

Chapter 3 バグの典型的な例

```
    {
        Console.Write("{0}は",ch);
        if( (ch & 1) == 0)
            Console.WriteLine("偶数");
        else
            Console.WriteLine("奇数");
    }
  }
}
```

実行結果

```
0は偶数
1は奇数
2は偶数
3は奇数
```

しかし、この事例でうまくいったからといって、安心はできません。

漢数字に書き換えると結果が変わるからです。変数 s の宣言を以下のように書き直してみましょう。

```
    string s = "一二三四";
```

実行結果

```
一は偶数
二は偶数
三は奇数
四は奇数
```

見てのとおり、奇数であるはずの一が偶数扱いされています。偶数であるはずの四も奇数扱いされています。これは数値に対して実行すべきアルゴリズムを、文字コードに対して適用した結果起こった誤動作です。

このアルゴリズムは、本来、次のようにして使用すべきです。

```
using System;
```

```
class Program
{
    static void Main(string[] args)
    {
        int[] ar = { 0, 1, 2, 3 };
        foreach (var a in ar)
        {
            Console.Write("{0}は", a);
            if ((a & 1) == 0)
                Console.WriteLine("偶数");
            else
                Console.WriteLine("奇数");
        }
    }
}
```

つまり、漢数字の一があるとしても、それを数値の1に変換してから処理しなければ意味がありません。

アルゴリズムを知っていても、正しい理解を欠いているとかえってバグを呼び込む例です。

Chapter 3 バグの典型的な例

3.9 仕様変更に気付かない

- うわ。パトカーだ。なんで追いかけてくるんだ？ スピードだって出してないし、信号だって守ったぞ。
- 兄貴が犯罪者みたいだからなのだ。
- 今日は、何も犯罪なんてやってない！
- 昨日は駐禁エリアにバギーちゃんを止めたのだ。
- それは昨日の話だ！
- ところで、最近できたあのマークは何なのだ？
- 右折禁止だよ……あれ？ さっき右折しちゃった。

　Windows ならオレは 100 本プログラムを書いて知り尽くしているが、もちろん油断はしないぜというマンダー君は、Universal Windows アプリの開発に着手すると、`PicturesLibrary` フォルダにアクセスするために `Windows.Storage.KnownFolders.PicturesLibrary` という機能が用意されていると知ると、以下のように `MainPage` クラスのコンストラクタに書き加えました。

```
public MainPage()
{
    this.InitializeComponent();
    StorageFolder library = Windows.Storage.KnownFolders.
                                                    ➡PicturesLibrary;
}
```

　マンダー君は、別の環境には別の API が用意されているかもしれないときちんと認識して、そのための API をわざわざ調べて書き込みました。油断はありません。それにもかかわらず、試しに実行すると図 3.1 のように例外で落ちてしまいます。

図 3.1：例外で落ちたが理由がわからない

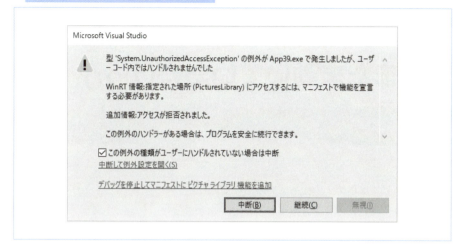

なぜでしょうか？

理由は、`PicturesLibrary` フォルダへのアクセス権が与えられていないと実行できないように変更されたからです。アクセスできて当然と思っていると足下をすくわれます。いくら API の変更に注意をしていても、権限の変更ということもありうるわけです。

では、このコードは間違っているのでしょうか？

いいえ、間違ってはいません。そもそも実行できない API など最初から用意するわけがありません。

ではどうすれば実行できるのでしょうか？

それには、マニフェストで、このアプリは `PicturesLibrary` フォルダを使用する旨のチェックを入れればよいのです。

これで実行できます。使用者は利用前に、**このアプリは PicturesLibrary フォルダの利用を求めているがよいか？** と質問されます。

このように、**仕様変更**には名前、引数、機能のほかに権限やマニフェストに関係する変更もあり、**多岐にわたります**。しかし、そのすべての変更に精通することは難しく、しばしばバグを発生させます。基本的な知識は間違っていなくても、その後の変更を追いかけるのは難しいのです。

Chapter 3 バグの典型的な例

3.10 たまたま動いていただけ

The Way to Be a DEBUG Star

 コンビニはポテチを売っているものなのだ。
 売ってないコンビニもあるって。
 嘘を付くのは悪いことなのだ。
 嘘じゃないって。ほら……。
 こんなコンビニ初めてなのだ。ポテチの売り場がないのだ。
 健康に悪い食品は売らないヘルシーコンビニなのさ。

　たとえば、清涼飲料水の自動販売機のプログラムがあるとします。
　ここで、「価格は、円記号を前置した 3 桁区切り、たとえば 120 円の商品は ¥120 と表示せよ」というリクエストがあったとします。
　そこで、シンプルに以下のような感じのコードが作成されました。単純に数値の先頭に円記号を付けているだけです。

```
using System;

class Program
{
    static void Main(string[] args)
    {
        int price = 120;
        Console.WriteLine(@"¥{0}", price);
    }
}
```

　3 桁区切りという要求は忘れ去られました。酒類ならともかく、清涼飲料水の販売価格など、80 円から 200 円程度で、区切りのカンマが登場する機会はなさそうに思

われたからです。

　ですから、このコードに誰も文句をいいませんでした。

　テストもパスし、納品物の検査も問題なく終了しました。

　ところが、1,990円の超高級コーラが取り扱い商品になった瞬間、問題が発生しました。

　この場合の表示結果は¥1990ですが、期待されたのは¥1,990でした。

　要求仕様を正確に反映したなら、そういう結果になるはずです。

　しかし、関係者の誰もが、「清涼飲料水の価格は80円から200円程度」という前提に頭を支配され、1,000円以上の商品での動作の妥当性のことを考えていませんでした。

　これは、当面必要とされたデータについては正常に動いているように見えるので、ずっと見過ごされてきたバグです。

　このバグは、以下のような簡単な修正で取ることができます。

```
Console.WriteLine(@"¥{0}", price);
```

```
Console.WriteLine(price.ToString("C"));
```

　真の条件を把握していれば、ほとんど時間もかからない作業で発生させずに済んだバグといえますが、**想定されるデータでうまく動いているように見えると、バグはないと見なされがち**です。しかし、バグは確かにあり、将来のいつかそれが顕在化する可能性があります。

Chapter 3 バグの典型的な例

3.11
型の制約ミス

 DEBDEB。またポテチか。
 おいしいから食べるのだ。
 これ以上太ったらバギーに乗れないぞ。そうだ、制約を付けよう。絶対にそれ以上太ってはならない。上限！
 大丈夫なのだ。無駄な荷物を降ろして軽くすればいいのだ。
 そんな荷物あったかな？
 目の前にいるのだ。
 俺がお荷物かよ。

以下のような、継承と型引数を含むソースコードがあるとします。

```
using System;

class A
{
    internal virtual void Hello()
    {
        Console.WriteLine("Hello!");
    }
}

class B : A
{
    internal override void Hello()
    {
        Console.WriteLine("ハロー！");
    }
}
```

```
}

class X<T> where T: B
{
    internal static void SayIt(T t)
    {
        t.Hello();
    }
}

class Program
{
    static void Main(string[] args)
    {
        B x = new B();
        X<B>.SayIt(x);
    }
}
```

実行結果

ハロー！

　このようなソースコードは可能です。"where T: B" と型引数の型に制約が付いているのは、制約しないと自分で追加した Hello メソッドを呼び出せないからです。しかし、本当に型引数 T をクラス B で制約してよいのでしょうか？

　実際、これでは不都合が生じます。

　もしかしたら、Main メソッドを以下のように書きたい場面が将来出てくるかもしれません。

```
static void Main(string[] args)
{
    A x = new B();
    X<A>.SayIt(x);
}
```

　しかし、これでは制約が邪魔をしてコンパイルエラーになります。しかし、型 A に

Chapter 3 バグの典型的な例

も Hello メソッドは存在し、仮想メソッドとして型 A と型 B の Hello メソッドは同じものになりますから、呼び出せるはずです。

実際には、このケースでは制約を "where T: A" とクラス B からクラス A に書き直すだけで通ります。**最初からそう書いておけば良かったのに、そうしなかったことは、バグの一種と見なされる**場合があります。

Column バグのメモがわからない！

　何かの作業中にバグを見つけても、すぐに取れないことも多くあります。そういうときは記録を残して、後で取ります。このとき、すぐに作業できると思って簡単なメモを残す場合があります。たとえば、**「モジュール A で例外」**のようなメモです。

　そのまま目の前の仕事をこなしてその日のうちにデバッグに入れるならそれでもよいかもしれません。

　ところが、仕事の都合で数週間の間を置くともうダメです。**「モジュール A で例外」**というメモだけでは、どういう操作で再現するのかもわかりません。しかも、再現しない場合は他の修正の副作用で一緒に直ってしまった可能性もありますが、再現条件が不明確ではそれも断言できません。

　不明確なメモを抱えたまま悶々とすることになります。

　もちろん、これは筆者の実体験の話です。

3.12 環境の変化に追従できない

- うわ。なんだおまえは。
- あなたの妹よ。忘れたの？
- DEBDEB なら、もっと太っているはずだ。
- 痩せたの。お兄ちゃんのために。
- 環境の変化に付いていけない……。
- なんて嘘だよー。DEBDEB ちゃんの友だちだよー。別人だよ。
- やはり。

　実行環境、開発環境、ライブラリなどが1つバージョンアップするだけで動かなくなる場合があります。nuget で参照ライブラリのバージョンを上げるだけで動かなくなることも、そのうちの1つです。いわゆる「nuget hell」です。

　現象としては、コンパイルエラーが出てしまう場合もあれば、実行時に何か問題が起きる場合もあります。

　このうち、適切に記述されていたソースコードが非互換変更で動かなくなるケースはバグとは呼べません。この場合は、適切な開発リソースを確保してソースコードを修正するしか方法はありません。

　しかし、ドキュメント化されていないために根拠が曖昧なソースコードが動かなくなる場合は、バグと見なされる場合があります。

　たとえば、「文字列を渡します」とだけ書かれていて、null 値を渡した場合の挙動について何も書かれていないメソッドの場合、null 値を渡した場合の動作は**不定**と思うべきです。あるバージョンで何も起こらなかったとしても、次のバージョンでは例外を出すかもしれません。そのような結果が**不定**となる機能を使用して、不適切な結果を出した場合はバグと見なされるかもしれません。

　ちなみに、ドキュメント化が追い付いていないだけで仕様としては決まっている場合はもちろん使ってもかまいません。結果が**不定**ではないからです。

103

Chapter 3 バグの典型的な例

3.13
暗黙の前提の侵犯

 誰もはっきりとはいっていないけど、兄貴とあたしは血がつながっているのだ。
 そのとおりだ。これは暗黙の前提だぞ。いまさら誰もはっきりとはいわない。みんなわかってるからだ。
 とすればおかしいのだ。なぜ兄貴はポテチを食べないのだ？ 同じ血が流れていたらポテチの誘惑には勝てないはずなのだ。
 それもそうだな。今日からおまえはうちの子じゃない、バギーから降りろ！
 その前にもう1袋ポテチを食べるのだ。
 がくっ。

　距離は通常マイナスの値になることはありません。A地点とB地点の間の距離はどう測っても、つねに正の数です。A地点とB地点を入れ替えても、距離の値の正負が逆転することはありません。ですから、**距離は正の数値とする**という明確な仕様が存在しなくても、それは負数にはならないという**暗黙の前提を置くべき**です。安全策ということを考えれば、このような**けして負数になることはない値**は、符号付きの数値型よりも、符号無しの数値型で扱うほうがベターです。
　しかし、この**暗黙の前提**を破った場合はどうなるのでしょうか？
　以下は、メソッドの前半を書いた人は `int` 型で距離を書き込み、後半を書いた人は `uint` 型で距離を出力しています（本来は文字列に直して通信回線で送信されているものだが、説明の便宜上同じソースに収まっていると思って読んでほしい）。1234という距離は無事に伝達できていて、確かに1234が出力されています。とりあえず、問題はないように思えます。

```
using System;

class Program
```

3.13 暗黙の前提の侵犯

```
{
    static void Main(string[] args)
    {
        int dist1 = 1234;
        string s = dist1.ToString("X");
        uint dist2 = uint.Parse(s, System.Globalization.NumberStyles.HexNumber,
                                                    ➡null);
        Console.WriteLine("{0}", dist2);
    }
}
```

しかし、誰かが距離の初期値を負数に書き換えたとしましょう。

```
        int dist1 = -1;
```

実行結果

```
4294967295
```

　実行結果は、設定した値（-1）とは似ても似つかない別の値（4294967295）に置き換わりました。

　なぜでしょう？

　このプログラムは、文字列型の 16 進数の値で数値を受け渡しています。このとき、文字列になった時点で型情報は消し飛び、それが元々どういう型の何という値だったのかを確認する手段が失われます。uint.Parse メソッドでそれを数値に戻すときは、uint 型で扱える値であろうという推定によって、uint 型で復元しています。しかし、元は int 型ですから復元に失敗します。

　ではなぜ -1 では失敗し、1234 では成功するのでしょうか？　それは int 型で 0 より大きい値に関しては、内部のビット表現に互換性があるからです。そのことは、以下のようなコードでも確かめることができます。

```
        int a = 1234;
        uint b = (uint)a;
        Console.WriteLine(b);
```

105

この場合、int 型から uint 型に変換されても、1234 という値は保存され、出力されます。

つまり、どういうことでしょうか？

このコードの後半を書いた人は、負数が渡される可能性をいっさい考慮していません。それが暗黙の前提だからです。しかし、前半を書いた人は負数を記述できるようにプログラムを作成してしまっています。

この不整合はバグと見なされる可能性があります。

int 型でも表現力は十分だから、int 型で距離を扱おうと思うのは自由ですが、その場合でも負数はチェックして受け付けないような配慮はあったほうが良かったといえます。よくわかっていない利用者が、おかしな値を入力してしまう可能性は排除できないからです。この場合は、固定値をソースコード上に書き込んでいますが、たいていは外部から値を読み込んで処理することになるでしょうから、読み込んだ値の妥当性検証は不可欠です。

3.14 取れないバグ

The Way to Be a DEBUG Star

 DEBDEB、たいへんだ。次の街に行けないぞ。
 バギーで走れば行けるはずなのだ。
 無理なんだよ。

行きたくないから言い訳してるのだ。
 違うよ。本当に無理なんだ。
 でも、確かに地図に書いてあって、道も通じているのだ。
それ、有名な幽霊街なんだよ。地図に載ってるのに実在しない。実在しない街に行くことはできない。

「できません」という結末

意外に思われるかもしれませんが、**バグは取れないことがあります**。
「このバグを取って」という要求に対して、「できません」と答えるしかない状況です。なぜでしょうか？
実際、以下のようなやり取りはあります。

> 「では、問題が発生したバージョンのソースコードをください」
> 「ありません（見つかりません／提供を断られました）」

これでは作業などできるはずがありません。
　さすがに、常識があれば、ソースコード抜きでバグ取りを依頼してくることはありえません。
　しかし、以下のようなケースはありえます。ある企業が使っているアプリケーションのバグ取りの依頼があったとします。このようなケースでは、開発した誰かとは別の誰かにバグ取りが依頼されることも珍しくありません。そこで以下のようなやり取りが発生することがあるのです。

Chapter **3** バグの典型的な例

「異常な結果が出るので修正してほしいのですが」
「何が出れば正常なのですか？」
「さあ……」
「A ですか？　B ですか？」
「どちらでもよいと思います」

　あたかも、A にするか B にするかの判断は相手に任せているように見えますが、実はそうではないことが多くあります。勝手に結果を決めて実装すると、かなり高い確率で**それは違う**というクレームが付いて、コード修正はやり直しとなります。

　つまり、担当者は**異常値があるから直す必要がある**としか認識していませんが、彼の上司の誰かは**出力されるべき正しい値がある**と思っているわけです。

　こういう、適切に伝達されない条件があるとバグ取りは非常に長い時間を要する面倒な作業になります。しかし、その期間や手間に対して正当な対価が支払われるとは限りません。こんな簡単な修正だから安くて良いはずだ……と思う人もいるからです。

　つまり、非常にやっかいなケースです。担当者が結果を決め切れていないなら、それはまだ**取れないバグ**だと認識して、結果が定まるまでは「できません」というほうが良いでしょう。

ソースコードは必要か？

　そもそもバグを取るのにソースコードは必要なのでしょうか？

　歴史的に見ると、ソースコードを使用しないバグ取りが行われた事例は多くあります。実行ファイルのバイナリ、あるいはすでに読み込まれたメモリ上のバイナリを直接書き換えてしまえばよいのです。ファイルを書き換えるにはバイナリエディタが存在し、メモリ上のプログラムを書き換えるにはマシン語モニタなどの機能が存在しました。

　たとえば、最初期のパソコンではどのような状況だったのでしょうか？

　筆者が使用していた 1979 年発売の PC-8001 というモデルの場合、主力開発言語は N-BASIC と呼ばれる言語でしたが、これは中間コードインタープリタとして実装されており、実行ファイルバイナリは存在していませんでした。つまり、ソースコードと実行ファイルはほぼ同じものであり、実行ファイルを入手すればソースコードも入手しているようなものでした。

　しかし、この言語は実行速度が遅いため、アセンブリ言語が使用されるようになりました。これは、実行する CPU の命令そのものを、より人間に読みやすい表記に置き換えただけのものです。たとえば、ロードは意味不明の 16 進数で表記するのでは

なく、"LD" と書こう……といった仕組みです。この場合、ソースコードに書かれた文字列と、実際にバイナリファイルに書かれる 16 進数は 1 対 1 で対応します。たとえば**この LD は 16 進数の 21 に対応する**といったことが慣れてくるとわかるようになってきます。そうなれば、ソースコードに戻らなくても直接 16 進数を打ち込んでバグを修正することも可能でした。

しかし、このようなバグ取りは現在ではあまり行われていません。

なぜでしょうか？

コンパイラの最適化機能の進歩が著しいからです。

では、なぜ最適化機能が進歩するとバイナリを直接編集できなくなるのでしょうか？理由はいくつもあります。

- ソースコードと実行命令の 1 対 1 の対応関係が失われる
- 人間が手動で効率の良いコードを書くことは難しい
- その書き換えで本当に安全か確証を得にくい
- そもそもメンテナンス効率が悪い

そもそも最適化機能とは、等価の結果を得られるならば途中の命令はいくら組み替えてもよいという前提でコードを組み替えるものです。ソースコードの順番と、実際に処理される順番が変わることは珍しくなく、無意味なコードは除去されます。その結果として、**どこを直せば良いのか**が非常にわかりにくくなります。

結果として、ソースコードに戻って、それを書き換えてコンパイルをやり直したほうがずっと手っ取り早いということになります。

さらにいえば、**その修正が最後の修正だと思うなかれ**という問題もあります。次の修正の際、バイナリで直接行った書き換えを正しく反映していくのは難しいことです。少なくともその修正はソースコードを介していないので、ソースコードを修正したバグ取りを行うことはできなくなります。

ですので、現在は**ソースコードを入手することがデバッグの始まり**と思ったほうが良いでしょう。

ソースコードは存在するのか？

ソースコードの紛失は、意外とよくある出来事です。

たとえば、嘘か本当か、ある有名なゲームのソースコードは開発元の引っ越しの際に失われている、という話があります。そのゲームはバグが多いことでも知られているのですが、それらのバグへの対処が行われたことはありません。ソースコードがないからかもしれません。ちなみに、発売後しばらくして廉価版のパッケージが発売さ

Chapter **3** バグの典型的な例

れたことがありますが、バイナリレベルで完全に同一でした。

　ここまで極端なことはそうはないとしても、リリース3年後に行われた小修正のソースコードが見つからない……といった事態は多くあります。小さな修正だから手の空いた外部の人間に頼んで修正してもらおう……などと考えた結果、修正後の最終状態のソースコードが社内のソースツリーに反映していないかもしれません。担当者がしっかりしていれば……と思うかもしれませんが、たいてい正常に動作しているか否かを確認するだけで頭がいっぱいなものです。

　もしかしたら、2年後の年末の大掃除で担当者の机の奥から見つかる可能性もありますが、修正すべきときに所在不明なら、それは**ない**のと同じです。**ない**という事態は明確に想定しておくべきでしょう。

　そして、**ソースコード抜きには作業を開始できない**ことは、最初に明確にしておくべきでしょう。簡単に直せるはずだと思って安請け合いをしても、できないかもしれません。

ソースコードがあればよいのかという問題

　では、ソースコードがあればよいのでしょうか？

　そうではありません。

　ソースコードはかなりの確率でビルドできないからです。

　理由はさまざまです。

　まず、当時の開発環境が完全に再現できないと、さまざまなバージョン間非互換性により、ビルドはエラーになります。

　では、当時と同じOS、コンパイラ、ライブラリ、IDEを揃えてコンパイルすればオーケーでしょうか？

　確かにそれで解消される場合もあります。

　しかし、まだ完璧ではありません。

　ビルドの途中で独自ツールを起動する場合があるからです。

　そのツールが何かを突き止め、入手できるなら、問題を解決できるかもしれません。

　しかし、厳密に対象を突き止められなかったり、あるいはすでに入手不可能になっていたら「真っ青」にならざるをえません。

　特に最悪なのは、元ソースを作成した開発者が自分で書いた独自ツールです。そのツールのソースコードが含まれていて一緒にコンパイルされるのならともかく、別のソースツリーで管理されている独自性の高いツールが使用されていると、**その人にしかビルドを再現できないかもしれない**という非常に困った事態にもなりかねません。そのうえ、本人まで**そんな昔のことは忘れてしまった**と言い出し

たらそこで作業はストップしてしまいます。

手動で作成したディレクトリが存在しないためにビルドできないこともあります。

XX 言語で書かれていると聞いたのに、いざ蓋を開けてみると見知らぬ言語で書かれている場合もあります。C# のソースと聞いたのに実際に修正するのは SQL あるいは XAML ということもあります。言語は知っていても、まったく知らないライブラリや流儀に沿って書かれているため、そもそもソースコードが読めないこともあります。Windows フォームの開発者は XAML のソースを前に呆然とすることもあるでしょう。

再現性の問題

正しいソースコードを入手し、それがビルド可能になり、動作するようになってもまだ油断はできません。

バグを再現できるかという問題がまだあるからです。

バグを再現できない限り、バグ取りには入れません。

なぜでしょうか？

確実にバグが取れたと認識されるためには、異常動作→正常動作の変化が確実に存在したことを証明しなければならないからです。

正常動作だけを示しても意味がありません。

もともと正常に動いていたケースを、修正の結果正常に動いたと主張しても、それは何の意味もないからです。

バグを取ったというのはただの思い込みで、バグはまだ放置されているかもしれません。

ですから、バグを再現するための作業は絶対に不可欠です。

しかし、問題はこれからです。

バグを再現するのは簡単だろうと思いきや、これはバグを取ることよりも難しく、再現に 1 週間、バグ取りの修正に 10 分ということも珍しくありません。

なぜでしょう？

理由はいろいろあります。

まず、**レポートが不完全**という問題があります。寄せられるバグレポート、特に素人からのレポートは真の条件を示していないと思うべきでしょう（●p.134）。たとえば、バージョン 10 をリリース後に**おかしくなった**というレポートが来たとき、それはバージョン 9 から 10 に変わった時点でおかしくなったのであり、バージョン 9 と 10 の差分だけ調べれば再現条件や原因がわかると思いがちです。しかし、実はその利用者はバージョン 9 をほとんど使っておらず、バージョン 8 から 9 になった時点

Chapter **3** バグの典型的な例

で発生していたバグをバージョン 10 のバグとして報告しているだけかもしれません。

実際に、ネットを検索すると、「Windows 10 の画期的新機能特集」と喧伝された記事に、**それは 8 からある、それは 8.1 から**といった突っ込みが次々と寄せられるような事態があることからわかるとおり、自分の目に入らなかったことはなかったことにしてしまうのが普通の人間です。レポートは厳密ではないと思うべきでしょう。

また、**発生の不確実性**という問題もあります。同じ操作を実行しても 1,000 回に 1 回しか発生しない、あるいは特定のファイルを読み込ませた場合にしか発生しないバグというものがあります。任意のファイルでは発生せず、1 回や 2 回やってみるだけでは問題がないように見えることがあるかもしれません。しかしバグは確実に存在し、1,000 人中の 999 人は遭遇しないかもしれませんが、1 人は遭遇してしまうかもしれません。この場合、利用者が 10 万人なら、100 人が遭遇します。そのうちの 10 人がバグだバグだとネットで騒げば、イメージダウンは避けられません。可能なら除去してしまうべきバグでしょう。しかし、再現は非常に難しいのです。

再現ができない場合、見込みのバグ取りを行う場合があります。

ここが原因ではないかと推定される個所を修正して、**「これで直っていますか？」**とバグを報告してきた人に逆に問い合わせるのです。それで本当に直るのかどうかは不確かですが、それしか方法がないこともあります。また、**直っている**という返事を得たからといって、本当に直っているのかどうかもわかりません。しばらくして、**いや、再発した。直っていなかった**という続報をもらうかもしれません。

また、利用者からのレポートが漠然としているため、**別のバグを発見してそれを取ってしまう**場合があります。その場合は、**やはり直っていない**という再レポートが来る可能性があります。

本来なら確実な再現条件を特定し、再現させてからバグを取ることが望ましいといえます。

OS のバグという問題

バグを取ろうとして調べると、しばしば OS が意図したとおりに動いていないと思われる問題に突き当たります。

実際、1990 年代初頭、Windows が普及し始めた頃、「Windows はバグだらけ」という評判が開発者の間で立ったこともあります。

しかし、実際に筆者が見た範囲でいえば、ほとんどはバグではなく使い方の誤認でしかありませんでした。

もちろん、すべてのソフトウェアから 100 パーセントバグを除去することは難しく、

Windows にもバグがあります。しかし、たいていの **Windows のバグ**は実際には
バグではなく使い方の無理解と思ったほうが良いでしょう。

　ですから、たいていは **OS にバグはない。おかしいのはこちらのソース
コードだ**と思って調べたほうが良いでしょう（→ 図 3.2）。

図 3.2：基本ポリシー

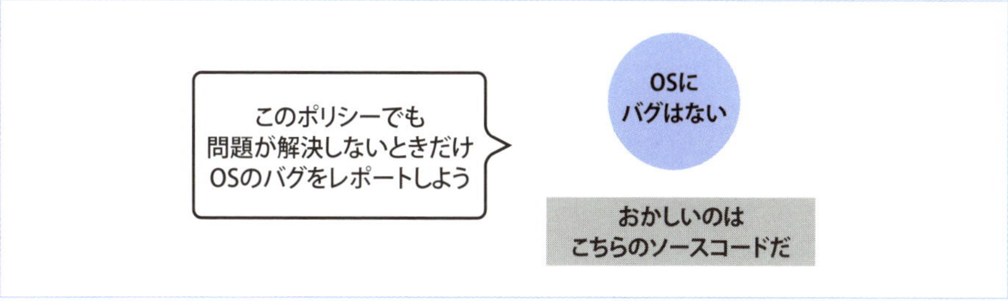

　たとえば、確認したい API があれば、その API を呼び出すだけのソースコードを
作成します。その結果、明らかにドキュメントの説明に反する動作をしていれば、そ
れは OS のバグと見なすべきです。しかし、単に**思ったとおりに動いていない**
というだけなら、**思った動作がそもそも誤解**という可能性を疑うべきでしょう。

ライブラリのバグという問題

　しばしば、バグ取りがライブラリの仕様からはみ出してしまう場合があります。

　たとえば、バグの原因はライブラリにあり、ライブラリのバージョンを上げるだけ
で解決するとわかったとしましょう。しかし、バージョンが上がった際、セキュリティ
の関係で A という機能が廃止され、代わりに B という機能が用意されている場合があ
ります。この場合は、ライブラリのバージョンを上げるだけでは済みません。A を利
用するコードをすべて B に置き換えなければなりません。

　しかし、置き換えて済むのはマシなほうで、しばしば置き換えが実行できない場合
があります。たとえば、A の置き換えとして提供される B という機能が完全に同じで
はないことも多くあります。その機能について危険性が指摘されるので廃止するとい
うのはよくあることなのです。しかし、つねに危ない使い方がなされるとは限りませ
ん。それでも可能性としての危険があれば廃止せよという要求が発生する場合があり
ます。そして、意図した機能を A では利用できるが B では利用できないとき、置き換
えは不可能になります。

　つまり、**ライブラリをバージョンアップしてバグを取る**と、**バージョ**

Chapter **3** バグの典型的な例

ンアップしても機能を維持するという 2 つの目的は両立しません。

このような例はいくらでもあります。

たとえば、バグの原因がライブラリの特定の API の挙動にあり、すでに修正版が存在するとわかっている場合、ライブラリのバージョンを上げるだけでバグは解消されます。しかし、変更点はそれ 1 つということはたいていありません。ほかにも修正点があって、運が悪ければそれが他の問題を発生させます。1 つのバグを潰すためにライブラリのバージョンを最新に上げたら、他の問題が 10 個ぐらい新しく発生してしまうこともあります。

ライブラリのバージョンを固定してしまえばよい、というのは 1 つのアイデアです。実際にバージョンを固定して開発されている場合も多くあります。バグがあれば代替コードを書けばよいと割り切るのも 1 つの考え方です。しかし、致命的なセキュリティホールの存在が確認されているバージョンを使い続けることに抵抗感が生じることがあるのも事実です。また、容易に代替コードを書けないような魅力的な新機能があれば、ライブラリのバージョンを上げざるをえないこともあるでしょう。またライブラリの依存関係の問題から、別の何かの変更に連動してライブラリのバージョンを上げざるをえないこともあるでしょう。

便利なライブラリの利用はしばしば地獄をもたらす場合があります。多数のライブラリを利用していると、その依存関係の問題から考えてもいない地獄が現出する場合があります。個々のライブラリはそれ単体で有効であればよいと考えて作られているので、複数組み合わせたときの有効性はまた別の問題なのです。

では、どうすればこの問題は解決できるのでしょうか？

図 3.3：依存ライブラリは極力減らす

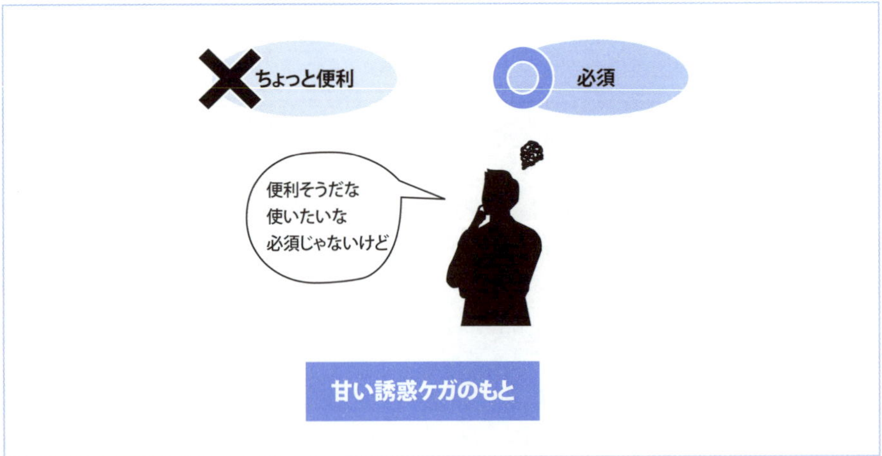

3.14 取れないバグ

　筆者の答えは**外部のライブラリに依存する要素は極力減らす**です。利用するライブラリの数を減らすと思ってもよいでしょう。数が少なければ問題に突き当たる頻度も減ります。たとえば100行ぐらい追加で書くだけで依存ライブラリを1つ減らせるなら減らすべきです。なぜなら、ライブラリに問題があったときに即座に問題を解決できるか不透明ですが、自分で書いた普通のソース100行ならすぐに修正を入れられるからです。

　ちょっと便利程度のことならそのライブラリは使用せず、それ無しにはプログラムが成り立たないぐらい重要なライブラリに絞って利用したほうが良いでしょう（⊙前ページ図3.3)。

別の機能で実現する

　OSやライブラリにバグがあるときは、直接直せない場合が多くあります。他人が管理しているソースコードは仮に公開されていても、容易には直せません。

　正攻法は、OSやライブラリの開発者にバグレポートを上げて直してもらうことです。

　しかし、迅速に直したい場合は、直るかどうかもわからないうえに、直るとしてもいつ直るかわからないバグレポートには頼れません。

　このような場合には、問題がある機能を別の機能で実現するというテクニックが利用される場合があります。

　たとえば以下のようなソースコードで、特定の互換ライブラリで実行したときだけ`Math.Abs`メソッドの動作に疑いが出るとします。

```
using System;

class Program
{
    static void Main(string[] args)
    {
        var a = -123;
        var b = Math.Abs(a);
        Console.WriteLine(b);
    }
}
```

　この場合は、`var b = Math.Abs(a);`を以下のように書き換えても可です。

115

Chapter 3 バグの典型的な例

```
var b = a * Math.Sign(a);
```

あるいは以下でも可です。

```
var b = a < 0 ? -a : a;
```

もっとシンプルに if 文を使って書いても可です。

このような書き方を行うとソースコードは冗長になり、長く読みにくくなります。しかし、ブラックボックスが減り、メンテナンスしやすくなります。

正攻法で修正できない場合は、このような迂回ルートで直すのは選択肢として「あり」です。

OSS 開発者との交渉

OSS の利用は、バグ取りという意味では潜在的な爆弾を抱えることになります。

OSS は、ソースコードが公開されており、たいてい無償で公開されていて、機能もバリエーションも豊富で、使うだけで高度な機能をすぐ実現できることもあり、たいへん便利です。誰もサポートしない最悪のケースになっても、ソースコードさえあればなんとかなります。何も問題がないように思えます。

ですが、そうでしょうか?

たとえば、OSS のライブラリにバグがあったとしましょう。

あなたのプログラムにとっては致命的なバグですが、全世界的に見ればそれの影響を受ける人はあまりいないマイナーなバグです。

あなたはそのバグのレポートを送ることができます。

相手が読める言語(たいていは英語)で書き、きちんと再現条件や詳細を示し、確実に相手が再現できるようにしておけば、多くの確率で確かにそのバグは存在すると認めてくれるでしょう。

しかし、そのバグを取ってくれるかどうかはわかりません。

なぜなら、あなたは OSS ライブラリ作成者の客ではないからです。

サポート契約を結んで、修正を義務として望むこともたいていできません。

OSS は自らがやりたいことをする人たちの集合体として動くもので、契約や義務はなじまないからです。

しかし、OSS が金銭と無縁とは限りません。

バックに出資者がいたり、ボランティアベースで開発が進んでる場合はスタッフの手弁当という形で各人が資金を負担しているかもしれません。

この場合の真の客は出資者であり、利用者ではありません。

そして、たいていの場合、出資者が望むのはできるだけ広範囲の派手なアピールであり、より高品質なソフトウェアの安定供給ではありません。

つまり、OSS のライブラリは、まず第一に、バグがあってもそれを直す義務はなく、影響範囲が狭い場合はバグが放置されることも多くあります。バグを取ったコードを送ったとしても、それが反映されるかどうかはわかりません。そもそも、どこの誰かもわからない人間が送ってきたコードなど入れたくないと考える OSS 開発者も少なくありません。入れるとすれば、信頼性の検証をきちんと行う莫大な時間が必要です。たいていの場合、OSS 開発者から見てあたなは未知の誰かの 1 人にすぎないのです。

そのような問題を突破したとしても、直るかどうかは相手の気分次第というところがあります。さしたる理由もなく、直るときはすぐ直るが、放置されるときはずっと放置されるようなことがあり、いつ直るか予測できないことがあります。最悪、更新が止まったまま永遠に放置される場合もあります。別の誰かが引き続き開発する場合もありますが、互換性が維持されるという保証はありません。

結局のところ、OSS 開発者にバグを取ってもらうには、交渉と説得が不可欠です。

どうにかして、そのバグが重要であり、直すと効果が大きいことを説得し、他のバグに先んじてそのバグを迅速に取ってもらえるように交渉しなければなりません。たいていの OSS 開発者は英語でコミュニケーションしているので、それらは英語で行う必要があるかもしれません。英語が不得手な日本人にはかなりハードルが高いかもしれません。

ところが、原理原則からしてそのバグを取ってくれるはずである……という理屈はたいていの場合通用しないのです。自分で声を上げて説得しなければなりません。

つまり、OSS ライブラリの利用は、入口のハードルは低いものの、中に入って問題が起きると底なしの手間と時間を要求される可能性があります。そして、時には解決できません。決定的な問題で解決できないという結末が訪れるとすれば、それはあなたのプログラムそのものが死ぬことを意味します。そのようにして破綻し、そこまで開発に要したコストがすべてパーになった事例も実際に見たことがあります。

ソースコードがあることは、あまり助けになりません。理念のうえで OSS は修正に対してオープンですが、たいていの場合、実際の OSS 開発者はどこの誰かもわからない人が作成した信頼性不明のソースコードを自分のソースツリーにマージすることを望んではいないからです。

OSS のライブラリは採用してはいけない……とはいいませんが、そのようなリスクの存在は認識したうえでじょうずに利用すべきでしょう。

ドライバのバグという問題

利用者は、通常、ドライバのバグという概念を持っていません。

では、OSのバグという概念はあるのかといえば、それはあるようです。さすがに、アプリ起動までに問題が起きたら、それは個々のアプリの問題ではなくOSの問題だと認識するようです。

ここでは、ドライバのバグの話をしましょう。

表示処理の高速化はつねに頭の痛い問題ですが、特に顕在化したのは1990年のWindows 3.0発売に伴うWindowsブームの到来の時代です。それまで主流だったMS-DOSはテキスト画面を使用していました。つまり、文字コードを書き込むだけで文字が表示されたのです。しかし、Windowsはグラフィック画面に絵として文字を書き込みます。処理量が爆発的に増えます。しかも、画面サイズはどんどん大きくなっていきました。処理量はさらに膨らみます。

これに対して、高速性を売り物にする画面表示チップは多くありましたが、画期的な製品が1991年にS3 Graphicsが開発した「S3 86C911」です。これは現在のGPUの原形ともいうべき、2D処理を高速化するチップでした。なぜ2D処理かといえば、Windowsのウィンドウ表示は2D処理で描画されていたからです。このチップを契機に、さまざまなチップが各メーカーから登場して性能を競い合ったのです。それらのチップを採用した拡張ボードやPC本体も競い合いました。では、それで問題が解決したのかといえば、そうではありません。実は、製品バリエーションの爆発的拡大は、ディスプレイドライバのバリエーションの拡大も意味しました。そして、拡大したそれらのドライバの品質が十分であったわけではなかったのです。性能競争に勝てれば多少のバグが残っていても市場に投入されていました。

その結果が、表示バグの多発です。

さすがにOSの動作で目立ったバグが出ることはあまりなかったのですが、アプリを使っているとよく表示がおかしくなりました。

しかし、それらはアプリのバグとして、まずアプリ開発者にレポートされました。

レポートされた以上は調べないわけにはいかないので原因を調査しますが、ドライバのバグの場合は「それはドライバのバグです」というところまでしか進むことができません。なにしろ、彼はアプリの開発者であって、ドライバの開発者ではないのです。ドライバのソースを持っていないどころか、ドライバを直すスキルも持っていない可能性が高いのです。

彼にできることは、レポートをそのままドライバの開発元に投げることだけです。ただ、それでバグが解消されるかどうかは何も保証されません。

それで話が丸く収まればまだ良いのですが、ドライバのバグという概念が理解

できない顧客も存在し、**難しい言葉でお茶を濁して欠陥を放置された**と受け取られる可能性を完全になくすことはできません。

このドライバのバグという問題は、現在では昔ほど大きくはありませんが、それでもなくなったわけではありません。特に、利用頻度の低いマイナーなデバイスやバージョン番号が低い新規開発のドライバで出やすいといえます。

このような問題に突き当たった場合は、これも**取れないバグ**ということができます。

ハードのバグという問題

ちなみに、この問題の先には**ハードのバグ**という問題も存在します。高機能化したチップは、バグを含んでいる場合があります。

ドライバ開発者は、このバグをうまく避けて動作するようにドライバを書くことが要求されますが、場合によっては回避不能ということもあります。

実際に筆者も、ドライバを作成する仕事で回避不能のハードのバグに遭遇した経験があります。

ここまでくると、もうドライバ作成者の全面的な協力を得てすら、解決は不可能です。ドライバのバグなら、新しいドライバをダウンロードしてインストールするだけで解決する可能性がありますが、ハードのバグは現物の一部または全部の交換しかありえないからです。この段階になると、ソフト的な意味での**バグを取る**という世界とはまったく異質な領域になり、ソフト開発者には手も足も出ない世界になります。

表面的にアプリが誤動作しているように見えるのでバグレポートがアプリ開発者に送られたとしても、これは彼には**取れないバグ**です。可能なのは、バグを避けて同じ動作を実現する可能性を模索することだけです。

通信が遮断される問題

通常、開発者側と利用者側の二者の関係でバグの問題は語られますが、ここに第三者が絡んでくる場合もあります。

たとえば以下のようなケースです。

- アプリ開発者は XX 機能を追加した
- 利用者は XX 機能の利用を望んだ
- ネットワーク管理者は自らのセキュリティポリシーに従い、XX 機能が必要と

Chapter **3** バグの典型的な例

　する通信を遮断していた

　この場合は、利用者は XX 機能を利用できませんが、原因はバグではなくネットワーク管理者のポリシーにあります。

　しかし、この問題はややこしい形にねじ曲がる可能性があります。

　アプリ側から見ると通信不成立の理由が何かはわかりません。サーバー側が重いだけかもしれないし、途中の通信経路のどこかでたまたま障害が発生しているだけかもしれません。そうすると、**いまは通信ができないこと、後でやり直すと通信できる可能性があること**しか情報を提示できません。

　利用者側としては、何度やり直しても通信できないことはアプリのバグだと認識する可能性もあります。

　しかし、実際に問題を発生させている原因はネットワーク管理者にあって、それはたいていはっきりとは見えません。アプリ開発者は、個々の利用者が使っているネットワークの管理者が誰かわかっていないこともあります。連絡の取りようもありません。

　それにもかかわらず機能が使用できないことは事実であり、これをバグと認識する人が出てもおかしくありません。

　これも**取れないバグ**の一種です。

外部サービスの停止、休止という問題

　ネットワークのサービスに依存するアプリは、そのサービスが停止、休止すると機能を実現できません。

　典型的な事例が地図アプリです。

　すべての地図データを同梱するとサイズが巨大になりすぎるうえに、そのリソースの利用量も膨大です。ですから、Google Maps などのネット上のサービスをアプリ内に埋め込んでいるケースは非常に多くあります。これらは、利用サービスが停止、休止すると地図を表示できなくなります。

　しかし、このあたりまではまだある程度、**Google Maps が出ている、Google Maps が止まったら見られないのもしかたがないか**、といった推測が働きます。

　問題は、利用者から見えにくい形でサービスを利用した場合です。

　たとえば、住所から座標を得るためのジオコーディングの検索に外部サービスを利用していてこれが止まった場合、どこからどこまでがアプリ固有の機能で、どこからどこまでが外部の機能なのか利用者が識別しにくいため、**アプリのバグ**としてレ

120

ポートされてしまう可能性があります。

しかし問題はその先です。たとえ、利用者の誰かが**アプリのバグ**として認識しようとも、利用できない外部サービスに依存するものは動作しないのが正常です。その旨が明確に示されていれば、責任ありとは誰もいいません。しかし、それはあくまで一時的に止まっているだけならば、という話です。

もしも永久に外部サービスが止まってしまったとしたらどうでしょう？

これは、冗談でもありそうもない想定でもありません。

現実に、**新バージョンの API を公開して時間もたったので旧バージョンの API は停止します**といった事態は起こっているのです。

その場合は、代替手段を探し、コードの修正を行う必要が発生します。

これは、マッシュアップの負の側面と言い直すこともできます。

さまざまな外部のサービスを利用して迅速にアプリを可動可能にするいわゆるマッシュアップは、たいていの場合**すばらしいこと**として褒め称えられます。しかし、作られた瞬間は確かに動いていても、数カ月後に動いている保証はありません。特に参照する外部サービスが増えれば増えるほど寿命は短くなります。サービスが止まったり仕様が変更されて同じコードでは使えなくなる可能性が、参照サービス数が増えれば上がってしまうからです。

つまり、これがマッシュアップの負の側面です。

とりあえず、瞬間的に目立てばよい、アピールできればよいと思うのならば、マッシュアップでもよいのでしょう。

しかし、**長期的に安定して利用できるようにしたいと思うのならば、参照する外部サービスはできるだけ少なくすべき**です。それによって、不安材料を減らすことができます。

論理的に取れないバグ

最もやっかいなのが**論理的に取れないバグ**です。

他の**取れないバグ**も難物ばかりですが、こちらはそれを上回る**キング・オブ・取れないバグ**です。

そもそも**論理的に取れないバグ**とは何でしょう？

要求が矛盾しているバグです。

たとえば以下のようなシステムがあったとします。

　性別を入力する
　男性なら男性専用名前入力フォームを表示

女性なら女性専用名前入力フォームを表示

　それに対して、「**それはバグだ。仕様書で、名前入力の次に性別を入力することになっている**」というクレームが付いたとしましょう。

　この場合、性別入力前に名前を入力させるなら、男性／女性専用名前入力フォームを分けることはできません。ならば名前入力フォームは1つでよいのかといえば、「**仕様書に男性と女性の名前入力フォームは分けることが明示されている。分けてはならん**」と怒られます。

　厳密にいえば、これは仕様書のバグです。

　しかし、しばしば、作業は上から下に流れるだけで、仕様のバグをフィードバックできない場合があります。

　この場合、仕様どおりに実装することはできないので、実装できる形にあえて仕様をねじ曲げて書かれる可能性があります。

　ですから、それを仕様どおりに直そうとする行為は、動いていたプログラムを動かなくする行為そのものになります。

　仕様を定義する手段として日本語や英語は曖昧すぎますから、仕様書にはつねにバグが紛れ込んでいると思ったほうが良いでしょう。

　以下は素人が書いた典型的な問題がある仕様書です。

　　戻り値が0ならエラー終了
　　戻り値が1なら正常終了
　　戻り値が2なら引数の誤りエラー
　　戻り値が3ならファイルが見つからないエラー

　引数が誤っていることを検出したとき、このメソッドは0を返せばよいのでしょうか？　それとも2を返せばよいのでしょうか？

　解釈に曖昧さが含まれる仕様です。

　論理的に問題のある仕様書も、あたかも意味があるかのように日本語や英語で書くのは簡単です。

　たとえば以下のような仕様です。

　　計算した角度に対して、sin 関数を適用した結果を返す
　　戻り値は int 型とする。小数点以下の値は切り捨てる

　この場合、戻ってくる値はほとんど0です。たまに1と-1が混ざるかもしれませんが、ほとんどは0です。理由は簡単で、sin 関数は-1から1までの間の値を得る関数で、-1より小さい値が得られることはないし、1より大きい値が得られることも

ありません。小数点以下を切り捨てると 1 と –1 以外はすべて 0 になります。ほぼ意味のある値は取れません。

しかし日本語で書くと何か意味があるかのように読めてしまいます。特に 2 行をバラバラに読むと、それぞれの行は筋が通っているように読めてしまいます。

では、このような論理バグはどうすれば良いのでしょうか?

論理的な矛盾が解決されない限り、バグは取れません。

矛盾の解決権限が開発者に手の届かないところにあるのなら、それは取れないバグとなります。

この場合の仕事は、権限を持つ誰かに情報を到達させ、矛盾を解決してもらうために、権限を持つ誰かとそこに至るための中間の誰かを説得する仕事になります。

取れないバグの分類とまとめ

ソースコード等の基本的な問題を除き、取れないバグをあらためて大きく分類すると 3 つに分けられます。

- 論理的に取れないバグ（仕様のバグ）
- 論理的には取れる人間が、すでに当事者ではなくなっているため取ってくれないバグ
- 自分が書いたコードのバグではないが、対外的には自分が書いたコードのバグに見えるため持ち込まれてしまう苦情

最後の 1 つはバグではありませんが、参照サービスが永続的に停止してコードの修正を要する場合はバグ取りに準ずる手間が発生します。厳密には仕様変更ですが、バグ取りとの境界は曖昧です。

これら 3 つを通していえることは、自分（たち）が管理できない「外部」をより多く抱え込むとリスクも増大するという現実です。

1 つ目の場合、仕様をフィードバックできない隔絶された外部の人間がいることが問題です。

2 つ目については、開発に関わったがすでに業務契約を終了し、バグを直す義務がまったくなくなった第三者が関与していることが問題の場合です。この場合、再委託が必要ですが、ソースコートの履歴管理、ビルドの再現性などの問題を生じがちです。

3 つ目の場合は、自分がソースコードに関与できないサービスを公開している第三者が自分の書いたコードの動作に関与していることが問題です。

流行ワードである OSS やマッシュアップという手法は、そういう意味でリスクを

増大させる第三者です。確かに、高機能のプログラムを迅速に動作させて自己アピールするには OSS やマッシュアップは有益でしょう。しかし、永続的に安定したサービスを提供したいと思うとき、それらが最適であるかどうかはわかりません。

　それにもかかわらず、なぜ **OSS はすばらしい**、**マッシュアップはすばらしい**というアピールが絶えないのでしょうか？

　それは、そもそも OSS もマッシュアップも**アピールすること**と相性が良いからでしょう。アピールが得意な人間が OSS やマッシュアップを利用して自己アピールするためのプログラムを作り、その際有益であった OSS やマッシュアップの有益性を讃えるというサイクルが回っているのでしょう。

　しかし、このサイクルの外側に立ったとき、本当に OSS やマッシュアップがあなたのプログラムにすばらしい貢献をしてくれるのかはわかりません。

　筆者は、本当に必要なもの以外、外部コードやサービスの参照を行わないことをあらためてお勧めします。

Chapter 4
クラウド特有のバグ

The Way to Be a DEBUG Star

Chapter 4 クラウド特有のバグ

4.1 環境の自動移行

- バギーちゃん、AMラジオのボタンがどこにもないのだ。
- わたしは自動バージョンアップするので、ボタンが変化する場合があります。ラジオはオールバンド最強ラジオに進化しました。どうぞお使いください。
- わたしはAMラジオが聞きたいのだ。
- オールバンド最強ラジオはすべてのバンドに対応するので、AMも聞けます。
- 使い方がわからないのだ。
- まずモードをAMにセットしてから周波数を数値入力してください。
- 前のAMラジオはボタンを押すだけで音が出たのだ。
- 高機能ですから操作は増えますが、その分だけ受信できるバンドは増えていますから……。
- わたしはAMラジオがすぐ聞きたいのだ。

　筆者が実際にWindows Azureを使用しているときに遭遇したパターンを2つ紹介しましょう。

　クラウドに直接、仮想マシンをアップロードして使用する形の場合、システムが勝手に変わってしまうことはあまりありません。それは利用者が管理すべき問題です。

　ところが、クラウド業者が提供するプラットフォーム上に、Webサイトなどのデータだけをアップロードしていると、**システムが自動アップデートされる**場合があります。もちろん、事前にアナウンスがあると思いますが、猶予期間内に対応が完了できるとは限りません。担当者が対応を忘れる場合もあるでしょう。

　最も悩ましいのは、対応の必要があるアップデートとないアップデートがあることです。

　実際に、しばらく放置していたサービスがいつの間にか動かなくなっていたこともあります。

　この状況もバグと見なされる場合があります。

Chapter 4 クラウド特有のバグ

4.2 実環境とエミュレーションの違い

 兄貴、これを見るのだ。じゃーん。
 DEBDEB、ついに免許を取ったのか。
 バギーちゃんをついに運転できるのだ。ではさっそく。
 壊すなよ。
 兄貴。おかしいのだ。どこにもドライブがないのだ。
 は？
 レバーをDに入れないと車は走らないのだ。
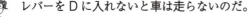
 DEBDEB、それはオートマだ。バギー先生はマニュアルだからシフトレバーしかないぞ。
 そんな車は乗ったことがないのだ。
 DEBDEBが取ってきたのは、オートマ限定の免許かよ。

　Windows Azureのクラウドサービスの場合、仮想マシンをビルドする関係上、クラウドへの配置には数分から数十分単位の長い時間がかかります。そのために、ローカルのエミュレーション環境で動作を確認しながらコードを作成することになります。
　しかし、このエミュレーション環境はあくまでローカル上で互換APIを用意する似たような環境というだけで、**クラウドとは完全には動作が一致しません**。ですから、もし、動作に互換がない問題に突き当たったときは、動作確認用環境であるステージングに何回も配置して動作を完全なものに仕上げます。これはたいへんに手間がかかります。
　仮想マシンをビルドしないで配置する方法もありますが、これはすでに仮想マシンが存在する場合にのみ可能な方法であり、しかも、あまり繰り返すと環境がうまく動作しない場合もあります。やはり、ときどきは仮想マシンをビルドしたほうが良いでしょう。また、この方法は初回にも使用できないので、効能は限定的です。
　これとは別に、Windows AzureのApp Serviceの場合も罠があります。これは、

通常の ASP.NET 環境をクラウドに配置する機能です。これを使うと既存の ASP.NET アプリを容易にクラウド展開できます。複数インスタンスで実行するスケールアウトを行ったときに矛盾しないようにしておけば、容易に負荷増にも対応できます。

　ところがこの技術には、**ローカルの開発マシンやサーバーで実行する ASP.NET 環境と App Service の環境がイコールではないという罠**があるのです。具体的には、アクセス可能なリソースや機能が同じではなく、App Service のほうが制約がきつくなります。これはアーキテクチャ的には当然のことです。複数の利用者が同じ仮想マシンを共有して動く（かもしれない）のが App Service ですから、他の利用者のリソース、あるいはシステムそのものに手を出せないようにするのは当然の制約です。しかし、いくら当然といっても、ローカルの開発マシンやサーバーとは違う制約です。いくらローカルで完璧に仕上げても、クラウドでは動かない可能性があります。

　クラウドに配置すると動かないことも、バグと見なされる場合があります。実際に最終的にクラウドに配置して動かすことが前提なら、動かないことは紛れもなくバグなのです。

Chapter 5
バグの取り方

The Way to Be a DEBUG Star

Chapter 5 バグの取り方

5.1 デバッグの手順

 兄貴。ゴキブリが出たのだ。
 ふふん。任せておけ DEBDEB。
 あ、違うのだ。殺虫剤のスプレーは先に使わないのだ。
 え？ だって、虫を殺すスプレーだろ？
 スリッパで叩くほうが先なのだ。ああ、兄貴は手順がわかってないのだ。

　バグ取りの手順についてはすでに部分的に触れていますが、ここではより実践的な段取りでどうバグと向き合うのか見てみます（→ 図5.1）。

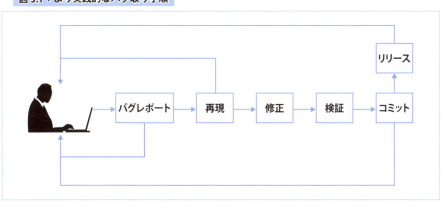

図5.1：より実践的なバグ取り手順

バグレポート

　ここから、図5.1 に示した手順を詳しく見ていきましょう。
　バグ取りのサイクルは、1通のバグレポートからスタートします。

「XX 機能が動かないんだけど」

最初に送られてくるバグレポートがどの程度充実しているのかは、それを送ってくる相手次第です。しかし、多くは情報が不十分だと思ってよいでしょう。

たいていは、「XX 機能が動かないんだけど」という程度の内容しかありません。その結果、まず何に着手してよいかわからないことも多くあります。

- 報告してきた人のいう **XX 機能**は漠然としすぎていたり、ソフトの正式な呼称と違ったりする。具体的にどの機能かを特定し切れない
- 対象や環境が明確ではない。似たような機能を持つまったく別個の複数のソフトを扱っている場合、どれを示したものかはっきりしない
- 発生環境がはっきりしない。OS のバージョンや 32/64 ビットの違いはおろか、へたをすれば OS の名前すらわからない
- 再現手順が明確ではない。あるいは、報告されたとおりに操作しても再現しない（報告してきた人の手元では再現している）
- つねに再現するかどうかも明確ではない

これらの情報を可能な限り収集するのが、手順として最初にやるべきことです。

もしも、利用者が「Windows 10 の x64 です」といった感じで、正確な情報を伝達してくればそれでよく、それができない場合は、OS のバージョンなどの情報を一括して収集するツールなどを使用することも可能です。

非常に厄介なのは、詳細な情報を開示できない相手の場合です。

しかし、最悪のケースというわけでもありません。

どれほど協力的ですべての情報を開示してくれる相手であっても、かなりの確率で**本人の思い込み**というメンタルな要素が入り込み、事実とは異なった報告をしてきます。

たとえば、「X 月 X 日のアップデートを当ててからおかしくなった」といってきたからといって、本当にそのアップデートに問題があるとは限りません。ただ単に、バグが混入した後で最初にその機能を使用したタイミングがたまたま **X 月 X 日のアップデート**後だったというだけの話かもしれません。しかし、アップデートを行った直後に異常に気付くと両者を結び付けて考えてしまう人は多いのです。

バージョン 1.1 がおかしいと主張している人が、本当にバージョン 1.0 と 1.1 と 1.2 を実行して、1.1 だけで問題が起きることを確認していることはまずありません。ほとんどのケースで、バージョン 1.1 でおかしいことしか確認していません。ですから、バージョン 1.1 の変更点に絞ってバグを探すのは、たいていの場合、あまり生産的ではありません。

ですから、本来望ましいバグレポートは、**いっさいの個人的な予断を含めずに、すべての客観的な事実だけを伝えるもの**です。

しかしながら、バグレポートはたいていの場合、バグの存在を示しています。バグは可能な限り取らなければなりません。

もちろん、リソースが確保できないときは、致命傷ではないバグは放置することもあります。

ですが、この場合はまだ未知のバグですから、致命傷か致命傷ではないかもまだ確定していません。まだ、放置を決断できる段階ではありません。

再現手順の確立

ですから、次にやるべきことは、バグの探索ではありません。

再現手順の確立です。

つまり、**技術的に意味があるバグレポートにもう一度作成し直す**作業です。

再現しない手順は再現するように手直しします。再現したりしなかったりするあやふやなレポートは、確実に再現する手順の確立が必要です。

たとえば、シフト JIS のテキストを読み込ませると落ちるというレポートが来て、利用者が望んでいる対処が正しく読み込めるようにするだったとします。しかし、実際にシフト JIS のテキストを読み込ませても落ちないとしましょう。その際、落ちる真の条件は UTF-8 の設定のままシフト JIS のファイルを読み込ませると落ちるであり、適切な修正は正しく読み込めるようにするではなく、エンコードの不適切さをエラーメッセージで示すとなるかもしれません。

つまり、そもそもレポートされた条件は不適切であり、それを**より適切な形に書き換えなければならない場合もかなりの確率である**のです。

また、誤動作することもあればしないこともあるというレポートは、発生条件を絞り込んで、データが偶数のときだけ誤動作するといった**確定的な条件がわかるようにするのがより望ましい**といえます。バグを取った後、一応、正常動作したとして、それがたまたまなのかバグを取った結果なのかを確定するためです。もちろん、ケースによってはそのような条件を確定できない場合もあります。不確定な入力に依存する処理などは、確実な特定の出力を想定できません。

どれほど誠実なバグレポートであろうとも、**実際には何かを足さなければならない**場合があります。

たとえば、処理が重くタイムアウトする問題が存在する場合、HDD 搭載 PC を SSD 搭載 PC に変えるだけで問題が出なくなってしまう可能性もありますが、そこま

で含めて検証したうえでレポートを行うのは、どれほど誠実で知識のある報告者でも難しいといえます。それを可能とするのは、たいていの場合、そのための予算をもらってテストを行うプロのテスターでしょう。

しかし、プロのテスターからのレポートならともかく、一般のユーザーからのレポートではたいてい**何かを書き足す余地がある**と思って間違いないでしょう。

また、テスターのマシンでは再現手順が確立されていても、開発マシンでは再現できない可能性もあります。たいていの場合、開発マシンはベテラン開発者の趣味嗜好でカスタマイズされており、しかもハイパワーであることが多いからです。

以上は理想論で、**実際には再現手順を確立できないまま次のステップに進むこともあります**。出たり出なかったりする場合もあれば、そもそも再現できず、レポートから原因を推理して直す場合もあります。しかし、それはできれば避けたいものです。たいていの場合、それは間違った修正となるからです。

なお、バグレポートおよびバグの確定の問題については、「第11章：バグレポート作成者側の心構え」でも説明しているので参照してください。

また、修正対象のソースコードにまつわる問題、ビルド環境の問題については「3.14：取れないバグ」の前半および「2.1：開発環境との相違」で触れているので参照してください。

バグレポート以外に、プログラマー側がバグの兆候を能動的に知る方法については、「第6章：問題を察知する方法」にまとめてあります。参考にしてください。

修正

再現手順が確立できたら勝ったも同然です。

次には、ブレークポイントなどのデバッグ機能を用いて、**正常な動作から逸脱して異常動作を始める瞬間を特定**します。

ここまでくれば、まだソースコードを1行も修正していなくても、勝利は目前です。

たいていの場合、異常動作を始める行かその前後にバグの原因が潜んでいます。まれに、バグの原因となる値をセットするコードが離れたところに書かれている場合がありますが、各種デバッグ機能を用いて、その値がおかしくなる瞬間を特定します。これでバグの発生個所はほぼわかります。

あとは、その行を見て、意図した動作をしない理由を調べるだけです。これでバグの原因がわかります。

ほとんどの場合、バグの原因が判明すれば直し方もわかります。

たとえば条件判定の論理が逆なら、**論理を逆にする修正を加えればよい**と

いうことになります。もし、if(a) で a が true のときではなく、a が false のときに後続のステートメントが実行されるべきなら、if(!a) と書き換えればよいわけです。

しかし、まれには、**そもそも最初に想定した基本設計に間違いがあり、全体を書き直す以外に直しようがない**こともあります。

たとえば、人物録データベースで、**人物名から必ず ID 番号を検索可能**という前提で仕様が決まっていたら、同姓同名の誰かが出てきたときに破綻するかもしれません。このようなとき、プログラム全体が修正の影響を受けるかもしれません。しかも、修正した結果が不徹底だと、どこかにバグを残すかもしれません。あるいは、バグを新たに増やしてしまう可能性もあります。

そのような地獄が現出しなければ、修正はたいてい簡単です。

たいていは数文字の打ち直しで、そうでなくても、数行の書き直しで済みます。

なお、バグを検出するためのさまざまな技術的な方法論は、本章**第 5.2 節**以降で詳しく紹介しています。

また、「**第 7 章：修正が難しい各種のバグ**」では、対処するのが難しいといわれているバグについて、症状から再発防止策まで、まとめて紹介してあります。これも参考にしてください。

検証

本来なら 1 文字でも書き直せば、テストは最初からやり直しです。誰も予想していなかった個所に影響が出ることも実際にあるからです。

しかし、これは理想論であり、たいていはそれを行う予算も時間もありません。

ですから、**修正した機能を中心に重点的に使ってみて、直っていることを確認**します。

コミット

修正結果は記録として残さなければなりません。

というのは、修正がバグを呼ぶことが実際にあるからです。つねにどの修正も、行う前の状態にロールバック可能にしておくとベターです。

しかし、なぜバグ取りがバグを呼ぶのでしょうか？

バグを取る人がプログラムを理解しているとは限らず、たとえ理解していた人でも時間が経過すると忘れるからです。

さて、**修正記録は一括して管理しなければなりません。**

ソースコードが複数あり、どれが最新かわからないのでは、そもそも作業を始める

ことができません。

この作業はいま直したばかりのこのバグにはあまり意味があるようには思えないかもしれませんが、この後の別のバグ取りの際、役に立ちます。

なお、バグの修正と密接にかかわるソースコードのバージョン管理については、あらためて「第9章：バージョン管理」で説明します。

リリース

バグを取ったプログラムはリリースして利用者に届けなければなりません。

Web システムはたいてい告知無しでサイレントバージョンアップされます。ファイルが更新されていたら、Web ブラウザはそれを自動的に読み込むからです。注意点があれば告知することもありますが、告知無しにどんどん変化していくシステムも珍しくありません。

デスクトップのアプリなどでは、ClickOnce インストーラー（➡ p.250）などを使用して自動更新を実現することも多くあります。これは意識せずとも起動時にバージョンがチェックされ、バージョンが上がっていれば自動的に入れ替えるやり方です。Universal Windows アプリなども自動的にバージョンアップする機能を含みます。

旧世代のやり方は、更新されたファイルを明示的に入手していちいちセットアップする方法です。これを行うときは、更新されたファイルをダウンロードすべきである旨をきちんと告知しなければなりません。

これらの手順を通して利用者の手元にバグ取り結果が届いて、バグ取りのサイクルは終了します。

新たなバグを生んでいた場合や実際にはバグが残っている場合は、次のバグ取りサイクルが始まります。このサイクルの繰り返しは少ないほうが良いのは当然です。可能な限り少ない回数で終わるように留意しましょう。

なお、リリースに当たっての諸問題については、「第8章：デバッグ後のバージョンの提供方法」で詳しく検討しています。

バグの修正を含めた記録、管理については、あらためて「第10章：バグトラッキングデータベース」で説明します。

5.2 printfデバッグ

 DEBDEB、バギーに付箋が山ほど付いていて運転できないぞ。
バギーちゃんに教わって、すべての個所に名前を書いた付箋を貼ったのだ。これで勉強になるのだ。
おまえの勉強にはなるかもしれないが、ハンドルを握れないだろう。これじゃ。

printfとはC言語の標準ライブラリの関数の名前で、C#ではConsole.WriteLineメソッドにほぼ相当する機能を持ちます。

しかし、C#ではSystem.Diagnostic.Debug.WriteLineかSystem.Diagnostic.Trace.WriteLineを使うことが多いでしょう。

この機能を用いたデバッグは、**デバッガの便利な機能が使用できない場合に有効**です。デバッガを使用せずとも標準のライブラリのメソッドだけで対処できるからです。

実際に事例を見てみましょう。

たとえば、以下のような例外が起きるソースコードがあったとします。

```
using System;
using System.Collections.Generic;

class Program
{
    static void Main(string[] args)
    {
        var list = new List<string>();
        for (double i = 0.0; i < 10.0; i+=0.1)
        {
            int count = (int)(Math.Cos(i)*40.0);
            string s = new string('a', count);
            list.Add(s);
```

Chapter **5** バグの取り方

```
        }
        Console.WriteLine(list.Count);
    }
}
```

　この場合、デバッガが使用できればバグの原因などすぐにわかります。例外で止まった個所で変数の値を調べれば変数 count がマイナスの値になったのが原因だとわかります。しかし、デバッガが使用できないことを前提に printf デバッグをやってみましょう。

　まず、ソースコードの主要な部分に、情報を出力するコードを挿入します。

```
using System;
using System.Collections.Generic;

class Program
{
    static void Main(string[] args)
    {
        System.Diagnostics.Debug.WriteLine("starting program");
        var list = new List<string>();
        System.Diagnostics.Debug.WriteLine("starting loop");
        for (double i = 0.0; i < 10.0; i += 0.1)
        {
            System.Diagnostics.Debug.WriteLine("i=" + i);
            int count = (int)(Math.Cos(i)*40.0);
            System.Diagnostics.Debug.WriteLine("count=" + count);
            string s = new string('a', count);
            System.Diagnostics.Debug.WriteLine("s=" + s);
            list.Add(s);
        }
        System.Diagnostics.Debug.WriteLine("done loop");
        Console.WriteLine(list.Count);
        System.Diagnostics.Debug.WriteLine("done program");
    }
}
```

　System.Diagnostics.Debug.WriteLine の結果だけ抜き出した実行結果は以下のとおりです（Visual Studio では出力ウィンドウに出てくる）。

140

5.2 printfデバッグ

実行結果

```
starting program
starting loop
i=0
count=40
s=aaaaaaaaaaaaaaaaaaaaaaaaaaaaaaaaaaaaaaaa
i=0.1
count=39
s=aaaaaaaaaaaaaaaaaaaaaaaaaaaaaaaaaaaaaaa
i=0.2
count=39
s=aaaaaaaaaaaaaaaaaaaaaaaaaaaaaaaaaaaaaaa
（中略）
i=1.3
count=10
s=aaaaaaaaaa
i=1.4
count=6
s=aaaaaa
i=1.5
count=2
s=aa
i=1.6
count=-1
例外がスローされました: 'System.ArgumentOutOfRangeException' (mscorlib.dll の中)
```

ここで例外が起きて終わっています。

さて、count を出力している行は実行されているが s を出力する行が実行されていないことから、その中間にあるこの行が怪しいと推定できます。

```
string s = new string('a', count);
```

この行は、string 型のコンストラクタを実行しています。この場合は a という文字を count 個並べた文字列を作成します。

count=-1 という出力から、このときの変数 count の値は -1 だとわかります。

その前提でこの行の動作を見ると、この場合は a という文字を -1 個並べた文字列を作成することを要求しています。しかし、文字の数は必ず 0 個以上になると決まっているので、マイナス1個はありえません。文字列の長さは最低でも 0 文字でマイナ

141

ス1文字はありえません。実際に、ここで使用しているコンストラクタは第2引数が負になることを許していません。

これがバグの正体です。

`printf` デバッグの役割は正体を暴くところまでです。

修正方法は、各自があらためて考えなければなりません。

Column デバッガの死角

　C# の生みの親、アンダース・ヘルスバーグが開発した Turbo Pascal（1983 年）は、エディタとコンパイラがセットになっていて、書いたソースコードをすぐにコンパイル＆実行できて便利でした。統合開発環境（IDE）の元祖的な製品群の1つといえるでしょう。

　ところが、この製品にはいくつかの死角がありました。ソースコードが大きくなると極端にコンパイル速度が落ちたりする問題もありましたが、**本格的なデバッガがない**という問題もありました。

　このように、デバッガがない、または、あっても貧弱すぎるという状況は比較的よく見られ、問題として典型的なものでした。

　いまでも大差ありません。新デバイスや新環境ではデバッグ環境の整備が後回しになりがちです。`printf` デバッグのような低レベルの原始的なテクニックの必要性はいまだになくなっていません。

5.3 ブレークポイント

デバッグ・スター君、何をしてるのですか？
落とし穴を掘っている。ここにバギーが来たら確実に止めなければならない。
停止する場所をあらかじめ指定してください。それだけでわたしは自動的に停止します。

ブレークポイントは、**最も基本的なデバッガの機能**です。デバッガと名の付くソフトで、この機能を持たないソフトはまずないでしょう。それだけ基本的な機能です。

具体的にはどのような機能でしょうか？

ソースコード中の**ここ**という場所を指定しておくと、その場所に実行が差しかかった時点でプログラムが一時停止して、その瞬間の変数の値の確認や、継続実行、1ステップずつの実行などを選択できます。ブレークポイントの再指定もできます。また、複数個所同時に指定しておくこともできます。

この機能は、プログラム中の特定の場所を通過したことを確認するためにも、通過しなかったことを確認するためにも使用できます。変数の確認にも使用できます。

通過したことを確認する

ソースコードの特定のステートメントを実行したことを確認するために使用します。なぜ確認したいのでしょうか？

それは、以下のようなケースがあるからです。

❶プログラムが異常動作した
❷ソースコードの特定の行がおかしいと気付き、ソースコードを修正した
❸プログラムが正常動作した
❹直っていないという苦情が来た

Chapter **5** バグの取り方

こんなことがありうるのでしょうか？

ありうるのです。

それは、**条件によって異常になる場合と正常に動く場合がある**という性質を持つバグの場合です。そして、**条件次第で結果が変わるという情報がまだ得られていない場合**という条件が加えられます。

このケースでは、正常動作した時点でバグが取れたと判断するのは早計です。ただ単に正常動作する条件になっただけかもしれません。

その場合、❷のステップでおかしいと思ったソースコードは実はバグとは何の関係もなく、そもそも実行されていなかった可能性があります。あるいは実行されていても、結果に影響を与えていない可能性があります。

では、このケースにはどのように対処すれば良いのでしょうか？

まず、**修正した行が確実に実行されていることを確認する**のが何より重要です。実行されていない場合は、結果に影響を与えないからです。

ともかく、その行が実行されたという事実の確認が最優先です。

実行されていないにもかかわらず結果が正常なら、バグの再現条件の特定も、バグの原因の推定も間違っていたことになるからです。

実際にソースコードで見てみましょう。

これは青ボールペンと赤ボールペンのオーダー数から合計オーダー数を計算する架空の例です。計算ルールはコメントに書かれたとおりです。条件により計算方法が変化します。

```csharp
using System;

class Program
{
    static void Main(string[] args)
    {
        Console.WriteLine(f(10, 7, false));
    }

    private static int f(int x, int y, bool discount)
    {
        // 17時は青ボールペンの本数のみで集計する
        if (x != 17) return DateTimeOffset.Now.Hour;   ※1

        // 計算ルール
        // x: 青ボールペンのオーダー数
```

5.3 ブレークポイント

```
        // y: 赤ボールペンのオーダー数
        // discountがtrueなら本数2倍

        if (discount)
        {
            return (x + y) * 2;
        }
        else
        {
            return x + x;  ◀※2
        }
    }
}
```

　このプログラムを実行するとおかしな値を出力します。しかし、期待された結果は17です。

　さて、デバッグを依頼されたデバッグ・スター君は、ソースコードをパッと見て※2の行のx + xという式に気付きました。どう考えても、赤ボールペンのオーダー数を無視して青ボールペンのオーダー数を足し合わせているのは異常です。

　「そうか？　これが結果が狂う理由に違いない」とデバッグ・スター君は判断しました。この式は間違いなくおかしいからです。

　終業時間の18時ジャストが迫っていたので、デバッグ・スター君は急いで※2の行を修正し、x + xをx + y、つまり青ボールペンと赤ボールペンのオーダー数の合計に直しました。

　実行すると確かに期待された17という値を出します。

　デバッグ・スター君は満足してソースコードをチェックインするとバイナリをサーバーに配置して、直った旨の電子メールを上司とプログラムの利用者に送りました。

　そして、満足してデバッグ・スター君は帰宅しました。

　しかし、翌朝メールボックスには苦情が入っていました。上司からは叱責が入っていました。なぜでしょう？

　デバッグ・スター君があらためて実行すると、確かに期待された17を出力しません。

　ここで立ち止まって理由を考えてみましょう。

　もう一度ソースコードをチェックしてみましょう。

　さて、わかりましたか？

　このプログラムは、デバッグ・スター君が書き換えた行を実行しません。

　それにもかかわらず、ソースコードを書き換えた後で実行すると結果が変化し、確

Chapter **5** バグの取り方

かに 17 を出力しました。

なぜでしょう？

実は結果が変化したのはソースコードを書き換えたからではなく、`DateTimeOffset.Now.Hour`、つまり現在の「時」を出力していたからです。18 時の帰宅時刻を前に焦っていたデバッグ・スター君は、18 時の少し前にテスト実行しています。つまり、「時」が 17 の状態でテスト実行したわけです。出力が 17 になるのはあたりまえです。デバッグ・スター君がソースコードを修正したからではありません。

このソースコードの真のバグは、以下の部分にあります。

```
// 17時は青ボールペンの本数のみで集計する
if (x != 17) return DateTimeOffset.Now.Hour;
```

もし、本当に **17 時は青ボールペンの本数のみで集計する**という機能を実現したいなら以下のように書くべきでしたね。

```
if (DateTimeOffset.Now.Hour == 17) return x;
```

もちろん、デバッグ・スター君が発見した x + x もバグです。ここも修正すべきであることはいうまでもありません。しかし、ここが実行されない以上、ここだけを直す修正は無意味です。

では、どうすればこの問題を防止できるのでしょうか？

ブレークポイントの出番です。

修正したステートメントにカーソルを合わせて F9 キーを押してブレークポイント（図 5.2 の丸印）を設置します。

図 5.2：修正した行にブレークポイントを設置する

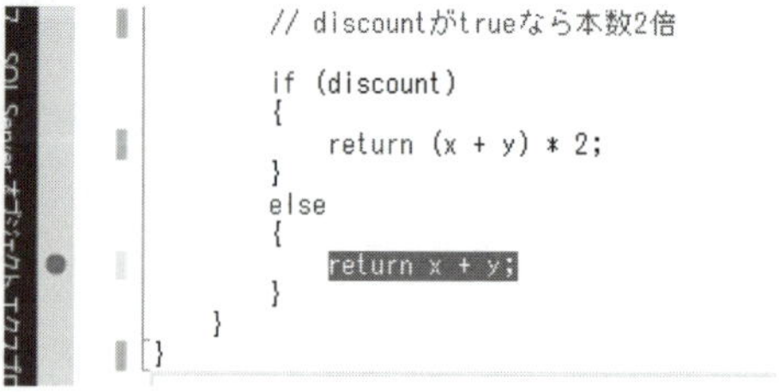

この状態でテスト実行すると、デバッグ・スター君の意図どおりなら途中で一時停止するはずです。

しかし、この場合、プログラムは一時停止しません。考えとは違っているからです。

ソースコードの修正が結果を改善していないことは明らかなので、バグ取りの手順がどこかで間違っていたことになります。手順を巻き戻してバグ取りをやり直すことになります。

スタックトレースを確認する

逆に、実行されてはならない特定のコードが実行されていると確実にわかっているときもあります。

たとえば、以下のコードを実行してみましょう。

```csharp
using System;

class Program
{
    private const int constValue = 2;
    private static int sum = 0;
    static void Main(string[] args)
    {
        f(123);
        f(456);
        Console.WriteLine(sum);
    }

    private static void f(int x)
    {
        int y = (x * 10 - 1000) / 20 * constValue;
        if (y < 0 || y > 100)
        {
            Console.WriteLine("境界範囲外");
        }
        sum += y;
    }
}
```

実行結果

```
境界範囲外
378
```

このプログラムは、本来**境界範囲外**という文字は出ないことを想定して書かれているとします。

この文字を出力してしまう原因は変数 y にあることは容易に想像ができますが、y の値を確定するためにやや込み入った式が書かれていて、引数のどの値が問題を引き起こすのか簡単にはわかりません。しかし、引数 x が問題を引き起こす鍵だと容易に想像はできます。

ここで問題を調べる方法は 2 つあります。

- どこから呼ばれたときに問題が起きるか調べる
- 引数の値を調べる

ここでは前者の方法で調べてみましょう。

実行されるべきではないステートメント Console.WriteLine("境界範囲外"); にブレークポイントを仕掛けてみましょう（➡図 5.3）。

図 5.3：実行されるべきではないステートメントにブレークポイントを設置する

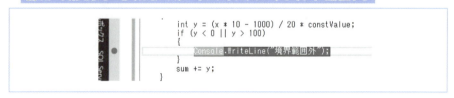

そして、F5 キーで実行を開始します。すぐにブレークポイントで停止します（➡図 5.4）。

図 5.4：プログラムは停止した

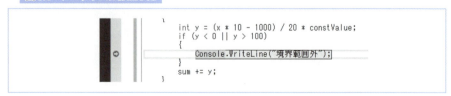

次に呼び出し履歴を開きます。表示されていない場合は、［デバッグ］→［ウィンドウ］→［呼び出し履歴］のメニューで開きます。

これで、**メソッドの呼び出し階層の履歴、つまりスタックトレースの内容を確認**できます（大半はシステム側についての記述で、詳細を知る必要はない）（➡図 5.5）。

図 5.5：呼び出し階層の履歴を見る

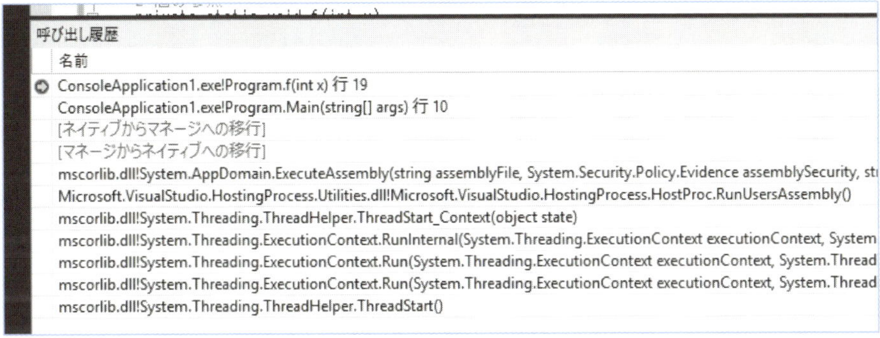

呼び出し履歴
名前
ConsoleApplication1.exe!Program.f(int x) 行 19
ConsoleApplication1.exe!Program.Main(string[] args) 行 10
[ネイティブからマネージへの移行]
[マネージからネイティブへの移行]
mscorlib.dll!System.AppDomain.ExecuteAssembly(string assemblyFile, System.Security.Policy.Evidence assemblySecurity, st
Microsoft.VisualStudio.HostingProcess.Utilities.dll!Microsoft.VisualStudio.HostingProcess.HostProc.RunUsersAssembly()
mscorlib.dll!System.Threading.ThreadHelper.ThreadStart_Context(object state)
mscorlib.dll!System.Threading.ExecutionContext.RunInternal(System.Threading.ExecutionContext executionContext, System
mscorlib.dll!System.Threading.ExecutionContext.Run(System.Threading.ExecutionContext executionContext, System.Thread
mscorlib.dll!System.Threading.ExecutionContext.Run(System.Threading.ExecutionContext executionContext, System.Thread
mscorlib.dll!System.Threading.ThreadHelper.ThreadStart()

ここで知りたいのは、どこから呼ばれたときに止まったのかです。

そこで、1つ下の Main を含む行をダブルクリックします（➡図 5.6）。

図 5.6：2 回目のメソッド f の呼び出しが間違いだとわかった

static void Main(string[] args)
{
f(123);
f(456);
Console.WriteLine(sum);
}

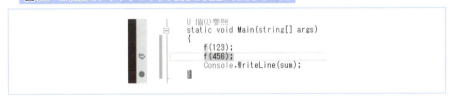

これで、どこから呼ばれたときに問題が起きたのかは明白です。

2回目のメソッド f の呼び出しです。1回目、つまり、引数 123 の場合は無罪です。しかし、引数 456 の場合は問題を引き起こしています。

この 456 という値に問題があるのか、それともメッセージを出力する条件に問題があるのかが次に検討すべき事項ですが、とりあえず、ここでは 456 という引数でメソッド f を呼び出すことで問題が起きることを明らかにできました。

ここまでが、ブレークポイントと呼び出し履歴を使って調べられることです。

引数 / 変数の値を確認する

前項で説明した、このプログラムの問題を調べる2つ目の方法、つまり、引数の値がいくつのとき問題が起きるかを調べる方法も見てみましょう。

これも簡単です。

とりあえず実行して、ブレークポイントで止めましょう。

止まっている状態で、引数や変数の上にマウスポインタを持っていきましょう（➡図 5.7）。

図 5.7：引数 x の値が表示されている

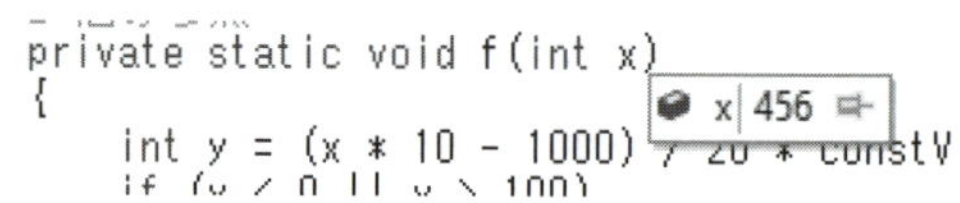

```
private static void f(int x)
{
    int y = (x * 10 - 1000) / 20 * constV
    if (y < 0 || y > 100)
```
　　　　　　　　　　　　　x | 456

これを見れば、引数の値が 456 の場合に問題の動作を行うとすぐにわかります。123 の場合は止まっていませんので、引数 123 は無罪です。

引数や変数を確認するほかの方法としては、ローカルウィンドウを見るやり方もあります。表示されていない場合は、［デバッグ］→［ウィンドウ］→［ローカル］のメニューで開きます（➡図 5.8）。

図 5.8：引数と変数を一括して見られる

また、クイックウォッチを使う方法もあります。変数名を右クリックまたは長押しして、クイックウォッチを選びます（➡図 5.9）。

クイックウォッチは値を見るのに手間がかかりますが、数式の値も計算できる点が優れています。

ほかにも値を確認する方法はいろいろありますが、シンプルな値を見るだけならこれぐらいわかっていれば十分でしょう。

図 5.9：クイックウォッチ

ただし、注意点もあります。

呼び出し履歴中の他のメソッドの引数や変数も確認することができるのですが、それ以外のメソッドの引数や変数の値は確認できません。引数や変数（ローカル変数）はスタックと呼ばれるメモリ上に確保されますが、呼び出されなかった引数や変数はスタック上に確保されていないからです。ただし、キャプチャされた変数は参照できます。それはまた別の領域に確保されているからです。

通過しなかったことを確認する

通過したことを確認するの真逆、**通過しなかったことを確認するためにブレークポイントを使う**こともできます。

たとえば、日曜日にのみ実行されるディスカウント機能は月曜日には実行させてはならないとします。

具体的なソースコードは以下のとおりです。※の行を実行していないことを確認したいわけです。

```
using System;

class Program
{
    static void Main(string[] args)
    {
        f(130, 27, DayOfWeek.Monday);
    }
```

Chapter 5 バグの取り方

```
    private static void f(int price, int count, DayOfWeek x)
    {
        int totalPrice = price * count;
        // 日曜日は2割引
        if (x == DayOfWeek.Sunday)
        {
            totalPrice = totalPrice * 8 / 10;   ※
        }
        Console.WriteLine(totalPrice);
    }
}
```

　この場合は、※の行にキャレットを移動させ、F9 キーを押してブレークポイントを仕掛けます。次いで F5 キーで実行させ、ブレークポイントで止まらないことを確認します（● 図5.10）。

図5.10：正常であれば、このブレークポイントで止まることはない

```
    private static void f(int price, int count, Day(
    {
        int totalPrice = price * count;
        // 日曜日は2割引
        if (x == DayOfWeek.Sunday)
        {
            totalPrice = totalPrice * 8 / 10;
        }
        Console.WriteLine(totalPrice);
    }
```

5.4 条件付きブレークポイント

 兄貴。ポテチ買ってきて。
 面倒だけどいいよ。
 でも条件があるのだ。バーベキュー味が58円だったらコンソメ味だけど、コンソメ味の在庫がないときは醤油味。でも醤油味の値段が77円以上のときはやっぱりバーベキュー味。わかった？
 わかんないよ。おまえをバーベキューにしてやろうか。

単にブレークポイントの場所を指定するだけでは十分ではないときもあります。
なぜ十分ではないのでしょうか？
以下の、数値を2倍し続ける例がその好例となります。

```
using System;

class Program
{
    static void Main(string[] args)
    {
        int sum = 1;
        for (int i = 0; i < 33; i++)
        {
            sum *= 2;    ※1
            Console.WriteLine(sum);
        }
    }
}
```

Chapter 5 バグの取り方

実行結果

```
2
4
8
16
（中略）
536870912
1073741824
-2147483648
0
0
```

確かに 1073741824 までは数値が増え続けますが、その後、突然負数や 0 になってしまいます。

この問題は、どこかで計算が狂っていると容易に予測できますが、計算式「※1」に単純にブレークポイントを仕掛けても意味がありません。途中までは正常に計算しているからです。あくまで、おかしな計算をするときだけ止めたいのです。

この場合、まず普通に※1にブレークポイントを仕掛けます（→図5.11）。

図5.11：ブレークポイントを仕掛ける

図5.12：条件を選ぶ

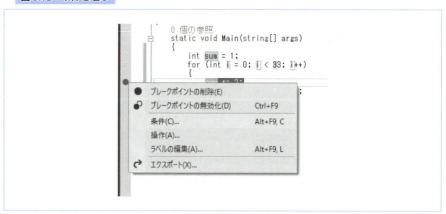

5.4 条件付きブレークポイント

そして、赤丸を右クリック（長押しタップ）して、コンテキストメニューを出し、条件を選びます（→前ページ図5.12）。

実際の条件は数式で指定できます。数式はC#の構文で書けるので、sum == 1073741824でよいでしょう（→図5.13）。

図5.13：sum == 1073741824 を入力

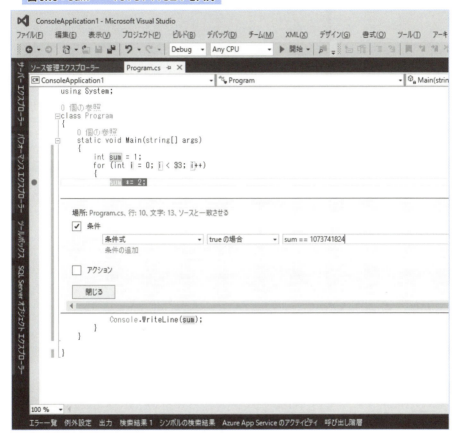

ここで［閉じる］を押してから F5 キーで実行してみましょう。

sumの値が指定値以外のときは何も起きませんが、1073741824のときは停止します（→次ページ図5.14）。

Chapter **5** バグの取り方

> **図 5.14：sum == 1073741824 のときに停止した**

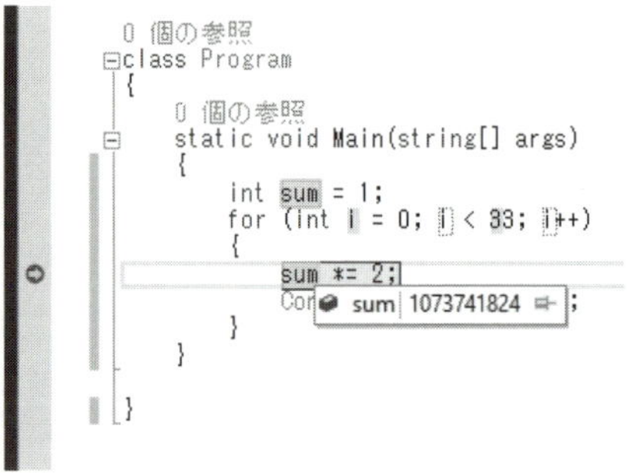

```
        0 個の参照
 □class Program
  {
        0 個の参照
 □     static void Main(string[] args)
        {
            int sum = 1;
            for (int i = 0; i < 33; i++)
            {
                sum *= 2;
                Con  ● sum  1073741824  ⇒  ;
            }
        }
  }
```

これが**条件付きブレークポイント**です。

この後は、あらゆるデバッグ機能とテクニックを用いてバグの発生源を探ります。

最もシンプルな対処方法は、F10 キーでステップ実行（この後説明する）させて、変数 sum の値の変化を見ることです。

すると、sum = 1073741824 のとき、sum *= 2; の結果は -2147483648 になることがわかります。確かに 2 倍になっていません。

ここで、あなたには選択のオプションがあります。第1に、「C# のバグだ」と騒ぐことができます。第2に、身近な詳しい人に泣き付くことができます（ネットの掲示板などに質問するのも同じ）。第3に、冷静になって何か勘違いをしている可能性を再検討することもできます。

ここで、第1の選択はあまりお勧めできません。これは単なるアプリケーションのバグなので、無知を笑われるだけです。第2の選択は、それほど悪くはありません。自分の限界だと思ったら、素直に白旗を上げて応援を仰ぎましょう。自力でなんとかしようとして無駄な時間を使うよりも良い結果を生みます。第3の選択は、基礎ができていれば有益です。1073741824 を 2 倍すると、int 型で表現できる数値の範囲を超えてしまう、という事実に気付くことができればバグは取れます。

要するに型の限界の問題にすぎないので、もっと表現力の大きい型に置き換えれば問題は解決します。この場合、int ではなく、より大きな数値範囲を扱える long を使えば、それだけで問題は解決できます。

```
using System;

class Program
{
```

156

5.4 条件付きブレークポイント

```
    static void Main(string[] args)
    {
        long sum = 1;
        for (int i = 0; i < 33; i++)
        {
            sum *= 2;
            Console.WriteLine(sum);
        }
    }
}
```

実行結果

```
2
4
8
16
（中略）
1073741824
2147483648
4294967296
8589934592
```

しかし、条件付きブレークポイントには問題が1つあります。

それは遅いことです。普通のブレークポイントよりもはるかに遅いです。

その理由は、止めるか否かを決めるために、いちいち式を評価しているからです。

実際に事例を見てみましょう。

```
using System;

class Program
{
    static void Main(string[] args)
    {
        DateTimeOffset start = DateTimeOffset.Now;
        int max = 10000;
        int sum = 0;
        for (int i = 0; i < max; i++)
        {
            sum += 2;
```

157

Chapter **5** バグの取り方

```
        }
        Console.WriteLine(DateTimeOffset.Now - start);
        Console.WriteLine(sum);
    }
}
```

実行結果（実行時間の数値はすべて筆者のマシンによる）

```
00:00:00.0080359
20000
```

見てのとおり一瞬で実行を終えます。

ここまで実行時間が短いと、信頼できる値とはいえません。

通常のブレークポイントが仕掛けられていても、実行速度にはほとんど差がありません。数を増やしても同じです。デバッグビルド、デバッグ実行のオーバーヘッドのほうが大きいぐらいです。

では、条件付きブレークポイントを設定してみましょう。

sum += 2; の行に、i == -1 という条件付き（つまり、止まることはない）ブレークポイントをセットして実行します。

実行結果

```
00:00:15.4311213
20000
```

見てのとおり、実行速度が何桁も違ってしまいました。

15秒はかなり待たされる時間ですが、ループ回数はたったの1万回でしかありません。

ですので、あまり繰り返しの多いループでの利用はお勧めしません。

ちなみに、どうしても特定条件でプログラムを止めたいが条件付きブレークポイントでは遅すぎる場合は、sum += 2; の前に以下のような行を挿入する方法もあります（デバッグビルドのみ対象）。

```
        if (i == -1) System.Diagnostics.Debug.Fail("i == -1");
```

これだと、ソースコードの修正を必要としますが、実行速度への影響はとても小さくなります。最後の手段ですが、知っておいてもよいでしょう。

5.5 ステップ実行

- いいかDEBDEB。手順がよくわからないときは、1ステップ1ステップ確認しながら前進するんだ。
- イヤなのだ。ポテチはまとめて食べるから美味しいのだ。
- それじゃ太るぞ。ほら軽やかにステップを踏みたいだろ？
- そのことは、このポテチを食べ終わってから考えるのだ。

　あらかじめ決まった場所でプログラムを止めるのではなく、キーを1回押すごとに1ステートメントずつ実行していく**ステップ実行**は、通常、あまり有益ではありません。なにしろ、実際のプログラムは何万ステップかわからないうえに、当たり前のようにループします。ループすれば、ステップ実行のステップ数も爆発的に増えます。
　しかし、**使い方を工夫すればかなり有益**です。
　たとえば、目的の場所の直前までは通常に実行し、ブレークポイントで止めた後、ステップ実行で継続するなどといった使い方は珍しくありません。
　ステップ実行には、以下の3種類があります。

- ステップイン
- ステップオーバー
- ステップアウト

　ステップインは、実行しようとしているステートメントがメソッドなどの呼び出しのとき、**呼び出し先のメソッドに入った状態で止まる**ものです。
　ステップオーバーは、同様の場合、**メソッドをすべて実行してから停止する**ものです。
　ステップアウトは、**現在のスコープから出るまで実行してから停止する**ものです。
　それぞれうまく使い分けて、効率良くデバッグを進めましょう。
　正常に動作することがわかっているメソッドはどんどんステップオーバーで飛ばしてかまいませんし、怪しいメソッドにはどんどんステップインで入っていけばよいで

Chapter 5　バグの取り方

しょう。間違ったメソッドに入り込んだと思ったらステップアウトで残りを飛ばしてもよいのです。
　さて、ステップ実行の操作方法ですが、主なものは次の3つです。

● **メニュー**
デバッグメニューには、上に挙げた3つの機能が並びます（図5.15）。

図5.15：デバッグメニューの3機能

↓	ステップ イン(L)	F11
↷	ステップ オーバー(O)	F10
↑	ステップ アウト(T)	Shift+F11

● **ボタン**
デバッグ用のツールバーには図5.16に示したボタンが並びます。左から順に**ステップイン**、**ステップオーバー**、**ステップアウト**です。

図5.16：デバッグ用のツールバーでの3機能

● **キーボード**
キーボードから操作するときは、以下のキーが対応します。

- ステップイン　　　　`F11`
- ステップオーバー　　`F10`
- ステップアウト　　　`Shift` + `F11`

　これらの機能は、何回も何回も、ひたすら何回も使う機能なので、すぐに覚えてしまいます。そのため、キーボードで操作することが最も多くなるでしょう。
　本当は使わないほうが良い機能なのですが、1回のデバッグで100回ぐらいステップ実行するのもよくあることです。

5.6 結果の静的解析

 案の定 DEBDEB が太ってしまった。
 原因は謎なのだ。
 残された結果から考察してみよう。その原因はズバリ……
 なんなのだ？
 ポテチの食べ過ぎ。
 そんなことはあたしにもわかるのだ。退屈したからポテチ食べるのだ。

　結果の静的解析とは、実行後、結果として残された情報をもとにバグを推定する行為です。
　具体的には、主に**ダンプの解析**と**ログの解析**をすることになります。
　ダンプは、プログラムの状態を丸ごと保存したファイルで、プログラムがクラッシュしたときに作成することができるほか、デバッガでも作成できます。
　ダンプのファイルがあれば、止まったときの状況を後からじっくりと調べられます（ただし、そのプログラムをビルドしたときのソースコードは必要）。
　ダンプのファイルを開くには、Visual Studio から［ファイル］→［開く］→［ファイル］を選びます。拡張子 dmp のダンプファイルを選ぶと、概要とアクションが表示されるので、概要を確認のうえアクションから必要な機能を選択します（→次ページ図 5.17）。
　ここで、［マネージのみでデバッグ］か［混合でデバッグ］を選んでおけばたいていはよいでしょう。
　この後は通常のデバッグ画面になります。変数の値も参照でき、じっくりと止まったときの状況を調べられます（→次ページ図 5.18）。
　ちなみに、ダンプファイルをデバッガから作成するには［デバッグ］メニューの［名前を付けてダンプファイルの作成］（このメニューはプログラムが中断中の場合にのみ出現）を使用します。

Chapter 5 バグの取り方

図5.17：アクションを選ぶ

図5.18：ここからは、好きなように情報を調べられる

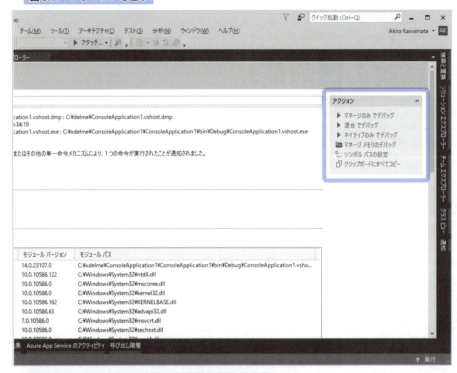

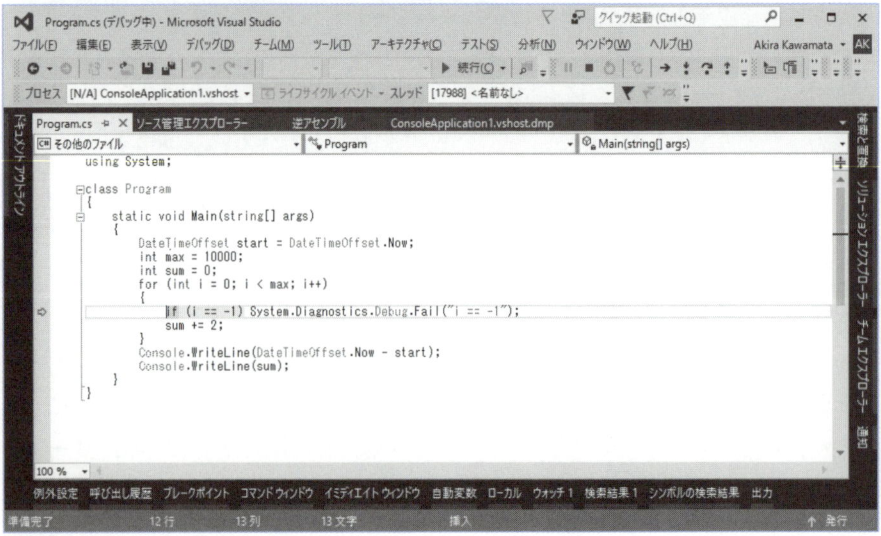

この機能は、リモートデバッグも使用できない遠隔地のトラブル調査や、リモートデバッグ機能がインストールされていないがダンプファイルだけは入手できる場合などで役立つでしょう。

さてもう1つの**ログの解析**ですが、まずログを出力するコードの追加が必要となります。

第5.4節の 1073741824 を2倍するとおかしくなる例を、この方法でデバッグしてみましょう。

ログの出力は System.Diagnostics.Debug.WriteLine で行うものとしてソースコードを書き直してみましょう。

```
using System;

class Program
{
    static void Main(string[] args)
    {
        int sum = 1;
        for (int i = 0; i < 33; i++)
        {
            var newValue = sum * 2;
            Console.WriteLine(sum);
            System.Diagnostics.Debug.
                        ➡WriteLine("sum=" + sum + " newValue=" + newValue);
            sum = newValue;
        }
    }
}
```

実行結果（Visual Studio の出力ウィンドウの内容の抜粋）

```
sum=1 newValue=2
sum=2 newValue=4
sum=4 newValue=8
sum=8 newValue=16
sum=16 newValue=32
 （中略）
sum=536870912 newValue=1073741824
sum=1073741824 newValue=-2147483648
sum=-2147483648 newValue=0
```

Chapter 5 バグの取り方

```
sum=0 newValue=0
```

　実行が終了した後で、実行結果の数値を順に見ていきます。
　値が意図どおりに変化していないのは sum=1073741824　newValue=-2147483648 の行からです。それ以降はどんどんおかしくなっていくばかりです。ただし、sum=0 newValue=0 の結果は意図どおりではありませんが計算は正しく行われています。ゼロに何を掛けても結果はゼロなのですから。
　そこで、1073741824*2=2147483648 とならずに -2147483648 となってしまうケースは何かをここから考えることになります。
　そこから先は、ログ解析ではなく、数値が狂う原因の究明になります。

5.7 クラウドとリモートデバッグ

 兄貴、緊急事態なのだ。バギーちゃんが故障なのだ。
 電話じゃ遠くてわからない。それでどこがおかしいんだ？
 あたしが太ったって、うるさいのだ。
 正常だ。

　この世界には、**リモートデバッグ**という技術があります。
　主にLANで接続されたマシンで実行させ、それを実行しているのとは別のマシンのデバッガでデバッグするテクニックです。
　最初にマシンを指定してデバッグを開始すること、事前に実行マシンにリモートでデバッグを支援するソフトをインストールしておくことを除けば、特別なことはありません。
　しかし、威力は絶大です。
　Visual Studio をインストール実行できないほど貧弱なマシンでもデバッグ可能ですし、Visual Studio を実行できない ARM アーキテクチャのマシンで実行させてデバッグすることもできます。
　クラウド特有のバグについては第4章で触れましたが、この技術が**特に有用なのはクラウドの世界**です。
　クラウドの実行環境には Visual Studio など入っていません。
　しかし、リモートデバッグでデータセンターのプロセスに接続してデバッグできれば、これは非常に有益です。遠隔地での実行の詳細をコントロールして、デバッグできるのです。
　しかし、ローカルで動くエミュレータがあるのに、リモートデバッグが必要なのでしょうか？
　それは**必要だ**というしかありません。
　ローカルのエミュレータとクラウドの実体にはわずかに差があるのです。

Chapter 5 バグの取り方

　それが動作の違いを生み、バグとなることもあるのです。
　それを追いかけるには、エミュレータでは無理なのです。
　もっとも、それが本当に必要とされる頻度はどの程度かといえば、とても少ないのも事実です。あまりクリティカルなぎりぎりの線を狙っていかない限り、動作の違いはほとんど問題になりませんし、もし問題になっても簡単に解決できます。
　実際、筆者はクラウドに対してリモートデバッグした経験はありません。たいてい、ローカルのエミュレータで決着が付きますし、付かない場合でもリモートデバッグまでは要求されませんでした（ただし、リモートデバッグそのものの経験はある。開発マシンと実行に使用するマシンが別であることは珍しくない）。
　読者も、最後の手段としてリモートデバッグが可能であることは頭に入れておくとよいと思いますが、そこまで要求されるのはよほど込み入った事態だと思ってよいでしょう。

5.8 ネストした例外の確認

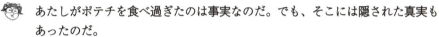

あたしがポテチを食べ過ぎたのは事実なのだ。でも、そこには隠された真実もあったのだ。
まさか。
実は、ポテチはポテチでもバーベキュー味の食べ過ぎだったのだ。

　バグは例外の形を伴ってやってくる場合も多くあります。そして、**例外情報にはバグのヒントが詰まっています**。利用しない手はありません。旧世代のC言語などの場合は言語レベルでは例外の機能を持っておらず、デバッグは難しいものでした。その点でC#はかなりデバッグしやすくなったといえます。
　しかし、それでも知識の有無で差が付く場合もあります。
　実は、例外はネストする場合があります。Aという例外がBという例外を発生させた結果、1つの例外に対して複数の例外情報が付いてくる場合があるのです。
　これを見るために、例外オブジェクトにはInnerExceptionというプロパティがあります。そのプロパティがもう1つの例外情報を保持しているのです。
　実際の例を見てみましょう。
　以下のサンプルソースは、リフレクション経由のメソッド呼び出しが例外で失敗するように書かれています。

```
using System;

class Program
{
    static void Main(string[] args)
    {
        try
        {
```

Chapter 5 バグの取り方

```csharp
            var mi = typeof(Program).GetMethod("f");
            mi.Invoke(null, null);
        }
        catch (Exception ex)
        {
            Console.WriteLine(ex.Message);
        }
    }

    public static void f()
    {
        int a = 0;
        Console.WriteLine(1 / a);
    }
}
```

実行結果

呼び出しのターゲットが例外をスローしました。

　見てのとおり、結果は「**呼び出しのターゲットが例外をスローしました。**」となります。これは、Invoke メソッドのメソッド f の呼び出しが失敗したことを意味します。しかし、メソッド f はこんな例外は出していないはずです。どう考えてもメソッド f が出した例外は「**0 で除算しようとしました。**」です。

　この事例の場合、「**0 で除算しようとしました。**」が、「**呼び出しのターゲットが例外をスローしました。**」という例外を誘発しています。

　そして、もう 1 つの例外情報は InnerException プロパティに入っています。

　InnerException プロパティの情報を扱うように拡張してみましょう。※1 と ※2 が拡張された行です。

```csharp
using System;

class Program
{
    static void Main(string[] args)
    {
        try
        {
```

168

```
        var mi = typeof(Program).GetMethod("f");
        mi.Invoke(null, null);
    }
    catch (Exception ex)
    {
        Console.WriteLine(ex.Message);
        if (ex.InnerException != null)      ←※1
            Console.WriteLine(ex.InnerException.Message);   ←※2
    }
}

public static void f()
{
    int a = 0;
    Console.WriteLine(1 / a);
}
}
```

実行結果

呼び出しのターゲットが例外をスローしました。
0 で除算しようとしました。

このようにすると、確かに2つの例外情報が得られたことがわかります。
ちなみに、厳密には、それぞれのメッセージに対応する例外の型は以下のようになります。

- 呼び出しのターゲットが例外をスローしました。
  = System.Reflection.TargetInvocationException
- 0 で除算しようとしました。
  = System.DivideByZeroException

Chapter 5 バグの取り方

5.9 発生個所≠キャッチ場所という問題

The Way to Be a DEBUG Star

 DEBDEB、ポテチの隠し場所はわかっているぞ。
 隠し場所が知られても買う場所は別だから、また買ってくるのだ。
 あれ？

　例外は有益な情報を持ったデバッグの友ですが、1つ重要な問題があります。それは**キャッチが絡むと、デバッグ中に止まった場所と例外が発生した場所が一致しないことがある**点です。
　以下は一致する例です。

```
using System;

class Program
{
    static void Main(string[] args)
    {
        int a = 0;
        Console.WriteLine(1 / a);   ← ここで止まる
    }
}
```

以下は一致しない例です。

```
using System;

class Program
{
```

170

5.9 発生箇所≠キャッチ場所という問題

```csharp
static void Main(string[] args)
{
    try
    {
        int a = 0;
        Console.WriteLine(1 / a);    ← ここで例外発生
    }
    catch (Exception)
    {
        Console.WriteLine("例外が発生しました");
        throw;    ← ここで止まる
    }
}
```

真に例外が起きた場所は、例外オブジェクトの **StackTrace** プロパティを調べるとわかります。呼び出し履歴があればそれもわかります。

StackTrace の参照を追加した例（抜粋）

```csharp
catch (Exception ex)
{
    Console.WriteLine("例外が発生しました");
    Console.WriteLine(ex.StackTrace);
    throw;
}
```

実行結果

```
例外が発生しました
    場所 Program.Main(String[] args) 場所 C:¥……¥ConsoleApplication1¥
ConsoleApplication1¥Program.cs:行 10
```

つまり、**Program.cs** の 10 行目です。

この知識は、特に Universal Windows アプリのデバッグで必要となります。

なぜなら、Universal Windows アプリは構造的にあらゆる例外を一度キャッチしてしまうからです。

例外オブジェクトの知識抜きに、本当に例外が起きた行を知ることはできません。

171

Chapter 5 バグの取り方

5.10 静的コンストラクタで起きた例外の把握

 あたしはいつポテチを食べたくなるかわからない女なのだ。
 ふ。残念だったな DEBDEB。俺にはいつおまえがポテチを食べるかわかる。
 兄貴は超能力者なのだ。
 いや、24 時間いつでも食べてるから。

　静的コンストラクタで起きる例外は、本当に起きた場所で止まってくれない典型的な例外です。そのうえ、発生場所と停止場所の関連性がほとんどなく、ソースを少し書き直すと止まる場所がどんどん変わっていくという難物です。
　実例を見てみましょう。

```
using System;

static class A
{
    public static void f()
    {
        Console.WriteLine("called method f");
    }
    static A()
    {
        int a = 0;
        Console.WriteLine(1 / a);
    }
}

class Program
{
```

5.10 静的コンストラクタで起きた例外の把握

```
static void Main(string[] args)
{
    try
    {
        A.f();
    }
    catch(Exception ex)
    {
        Console.WriteLine(ex.Message);
    }
}
```

実行結果

'A' のタイプ初期化子が例外をスローしました。

何が起きているのか詳しく説明しましょう。

❶ Main メソッドは、静的クラス A の f メソッドを呼び出そうとした
❷ 静的クラス A の利用初回なのでコンストラクタを呼び出した
❸ コンストラクタが 0 除算例外を起こした
❹ その例外をキャッチする
❺ あらためて、System.TypeInitializationException 例外を発生させる

このように、プログラムを止めた理由は 0 除算なのに、その理由が表面的には出てきません。

しかも、止まる場所は**静的クラス A の利用初回**なので、ソースを少し組み替えるだけで発生個所も移動してしまいます。止まる場所は、最初に呼び出しが記述された場所ではなく最初に呼び出された場所なのです。

対策は簡単です。**System.TypeInitializationException 例外は無視する**に限ります。

そして、例外オブジェクトの **InnerException プロパティを参照する**のです（➡「5.8: ネストした例外の確認」）。

catch 節を以下のように書き換えて再実行してみましょう。

```
catch(Exception ex)
{
```

173

```
            Console.WriteLine(ex.Message);
            if (ex.InnerException != null) Console.WriteLine(ex.InnerException.
                                                              ⮕Message);
    }
```

実行結果

'A' のタイプ初期化子が例外をスローしました。
0 で除算しようとしました。

これで真の理由である **0 で除算した**ことを知ることができました。

位置の詳細もスタックトレースで知ることができます（⮕ p.147「スタックトレースを確認する」）。

5.11 2点間で挟み込んで範囲を確定する

- よしDEBDEB。ゴキブリを挟み撃ちにしたぞ。少しずつ距離を縮めて逃げ場がなくなったところで叩いて仕留めるぞ。
- あ、兄貴。あたしのポテチの袋でゴキブリを叩こうとしているのだ。
- 手近にはこれしかなかったから。
- だったら兄貴のパソコンで叩けばいいのだ。
- 馬鹿野郎。これポテチの百倍以上の値段なんだぞ。
- あたしのポテチ愛も百倍以上なのだ。

例外などの有益な情報が提供されず、ただ落ちるというタイプのバグもあります。

このような場合は、**2点間で挟み込んで範囲を確定するという方法で、どこで落ちているのか確定するしかない**場合があります。

ブレークポイントが使えれば、2つのブレークポイントの間隔を狭めていく方法でいけます。それもダメならprintfデバッグで2点の距離を狭めていく方法もあります。

ブレークポイントを使う方法で説明しましょう。

ここに数百行のメソッドがあるが、どこで落ちているかわからないとしましょう。

❶ 対象の中央値にブレークポイントをセットする
❷ テスト実行する
❸a ブレークポイントで止まった。対象をブレークポイント以降に絞り込む（対象が半分になる）
❸b ブレークポイントで止まらなかった。対象をブレークポイント以前に絞り込む（対象が半分になる）
❹ 対象が複数あれば、❶に戻る

これを繰り返すことで、**動くことがわかっている点**と**動かないことがわかっている点**の範囲を狭めていって、最終的に落ちている原因となる1行を特定

できます。

　この方法は手間がかかるように見えますがそれほどでもありません。なぜなら、半分半分で範囲を狭めていくと、試行回数はそれほど膨らまないからです。たとえ数百行あろうとも、8〜10回程度で絞り込めます。

　しかし、効率の良い方法ではないことも事実なので、もっと便利なデバッグ手段がある場合はあえて使うほどの価値はないでしょう。あくまで、デバッガが存在しなかったり、デバッグ機能の大半あるいはすべてが無効化されている場合に使うテクニックです。

Chapter **6** 問題を察知する方法

178

6.1 例外の自動レポートの例

 DEBDEB。ともかくバグの詳細情報を教えてくれ。
 わかったのだ。お小遣い帳を付けているときに落ちたのだ。
 ふむふむ。お小遣い帳アプリに入力時ってことだね。何を入力しているときだい？
 ストロベリーキャンディを記入しているときなのだ。
 いや、名前の入力欄？　それとも値段の入力欄？　税込みのほう？　税別のほう？
 覚えてないのだ。ともかくストロベリーキャンディを記入しているときなのだ。

　まず、筆者の体験談をお話ししましょう。
　筆者はさまざまなプログラムを作成してきましたが、バグレポートを受け取る際、必要な情報を過不足なく受け取ることはまずありませんでした。
　単純に過剰というだけなら、多すぎる分を無視するだけでかまいませんが、必要な情報が不足して不必要な情報だけが過剰ということもありました。
　たとえば、**あなたが使用している .NET Framework のバージョンが知りたい**と思っていても、自分が使用しているマシンの構成を詳細に書いてくる人もいました。たとえビデオアクセラレーターのチップが何であっても、それが例外の条件と関連する可能性はほぼありません。もちろん、ドライバのバグなどで関連する場合はありえますが、確率としては非常に低くなります。
　最もわかりやすいのは、「**Aという値を入力してBという結果を期待しましたが、実際はCでした**」というレポートです。自分で実際にAという値を入れて、Cという結果を確認できたら即再現完了です。一瞬で終わります。即座にバグ取りに入れます。
　実は、こういうシンプルなレポートは少なくありません。
　具体的には、「**トップページに戻ります、と書いてあるのに、戻る先**

はさっきまで見ていたページです」であるとか、「ERROR の綴りが ERRROR になっています」であるとか、「画像データが別の似た商品の画像にリンクされています」であるとかです。バグとして因果関係がシンプルでわかりやすいミスも、コーディング中は混入しやすいものです。リンクや表現は、開発の前提が途中で変わったときに、既存のソースコードをすべて網羅的に修正できないときがありますし、シンプルな綴りのミスは、複数の人がチェックしても見落とされるときは見落とされるからです。

しかし、レポートがそのような因果関係が誰にでもすぐわかるバグばかりということはありません。

レポートがシンプルではない場合、たいていほしい情報は得られません。バグを報告してきた人もそれを伝えるスキルを持っていないことがほとんどです。たとえ持っていても、時間が足りない場合もあります。再現する条件を絞り込むのは時間もかかり、簡単にはいかないのです。

それでもレポートされた情報を隅から隅まで何回も読んで、ヒントになる情報を探します。そして、それをもとにしてかなりの推理力を発揮して再現条件を探ることになります。

しかし、ANGF というソフトではそれも限界に達しました。

ANGF とは、後から開発された DLL のモジュールを読み込んでノベルゲームを実行させるフレームワークですが、後付けで拡張するモジュールを開発できる関係上、依存関係が複雑になります。どのモジュールがどこで関与して問題を起こすかわかりません。

そこで筆者は、**例外レポーターという機能**を追加することにしました。

例外レポーターは、プログラムで例外が発生した場合はそれを横取りしてキャッチし、利用者に提示したうえで送信の可否を問います。送信の許可が得られた場合は、開発者宛てに電子メールを送信するのです。

上位側からどのようなコードで実現しているか見てみましょう。

ANGF は、Windows フォームのアプリケーションですが、考え方は他の技術にも容易に転用できるでしょう。

本体

まず、最上位のコードを見てみましょう。

`Program.cs`

```
using System;
```

6.1 例外の自動レポートの例

```csharp
using System.Collections.Generic;
using System.Linq;
using System.Windows.Forms;
using System.Reflection;

namespace ANGF
{
    static class Program
    {
        /// <summary>
        /// Main関数の終了コードとして返すべき値
        /// </summary>
        public static int ReturnValue = 0;
        /// <summary>
        /// コマンドライン引数
        /// </summary>
        public static string[] Args;
        /// <summary>
        /// アプリケーションのメイン エントリ ポイントです。
        /// </summary>
        [STAThread]
        static int Main(string[] args)
        {
            Args = args;
            Application.EnableVisualStyles();
            Application.SetCompatibleTextRenderingDefault(false);
#if !DEBUG  ◀※
            try
            {
#endif
                ANGFLib.World.ForceToInit();
                Application.Run(new ANGF.FormMain());
                ANGFLib.General.CallAllModuleMethod((m) => { m.OnEnd(); });
                return ReturnValue;
#if !DEBUG  ◀※
            }
            catch (Exception e)
            {
                if (System.Diagnostics.Debugger.IsAttached) throw;
                ExceptionReporter.reportException(e);
                return 2;// dummy
            }
```

```
#endif
        }
    }
}
```

ここでのポイントは、デバッグビルドでは例外レポーターを有効にしない（リリースビルドでのみ有効にする）という条件付きコンパイル（※印の個所）です。

デバッグビルドで実行する場合はほとんどIDE内での実行なので、止まった場所はすぐにデバッガでわかります。実行するのは開発者だけなので、例外レポーターを使って電子メールで開発者に通知しても意味はありません。

もう1つ注意してほしいのが以下のコードです。

```
if (System.Diagnostics.Debugger.IsAttached) throw;
```

この行は、リリースビルドであってもデバッガがアタッチされていたら例外は再スローさせることを意図しています。アタッチされていなかったら例外レポーターを呼び出すのです。

例外レポーター

例外レポーターそのものは、以下のコードで実現されています。

ExceptionReporter.cs

```
using System;
using System.Collections.Generic;
using System.Linq;
using System.Text;
using System.Windows.Forms;
using System.Reflection;

namespace ANGF
{
    internal class ExceptionReporter
    {
        public static void reportException(Exception e, Form parent = null)
        {
            AssemblyCompanyAttribute asmcmp =
```

6.1 例外の自動レポートの例

```
                                    ⮞(AssemblyCompanyAttribute)Attribute.
                        ⮞GetCustomAttribute(e.TargetSite.Module.Assembly,
                                    ⮞typeof(AssemblyCompanyAttribute));
        string[] mynames = { "pie dey", "kirarin", "microsoft" };
        if (parent == null) Application.Run(new FormFatalWarn(e.ToString(),
            ⮞!mynames.Any(c => asmcmp.Company.ToLower().Contains(c))));
        else
        {
            var form = new FormFatalWarn(e.ToString(), !mynames.Any(c =>
                            ⮞asmcmp.Company.ToLower().Contains(c)));
            form.ShowDialog(parent);
        }
        System.Diagnostics.Process.GetCurrentProcess().Kill();
    }
  }
}
```

ここで、注意すべき点がいくつかあります。

このクラスは、例外をレポートする機能を持っています。

しかし、一律に例外をレポートするわけではありません。

配列 mynames を見るとわかるとおり、配列で発生源を判定しています。"pie dey" は筆者の会社、"kirarin" は筆者の同人サークルです。それらのモジュールで問題が起きたら、当然、問題を意識しなければなりません。"microsoft" がリストにあるのは、MS 製のモジュールはテスト済みで品質は十分だと仮定して、そこで例外が起きたら誤用の可能性が高いからです。もし本物のバグであったら、それを MS へレポートすることは意義があります。

それ以外の例外は、弊社にレポートされてもどうにもならない可能性が高いので、例外情報をファイルに保存する機能だけをサポートします。その機能そのものは、フォーム側にあります。

さて、もう 1 つ、parent が null か否かで場合分けしているのは、親フォームがある場合はその子フォームとして例外レポーターのフォームを出せば十分ですが、ないときは Application.Run メソッドで子フォームを起動する必要があるからです。もっとも、実際にはソースを見るとわかるとおり、parent==null でしか使用されないので、無駄なコードです。

最後にレポートが終わった時点で System.Diagnostics.Process.GetCurrentProcess() .Kill() メソッドを呼び出しているのは、これ以上動作を継続させないためです。もしかしたら動作を継続できる可能性はあるかもしれませんが、そういう判定はいっさ

Chapter 6 問題を察知する方法

いしていません。ここはもう、素直に終わるしかないのです。

デザイン部分

デザインは、図 6.1 のようにシンプルなものになっています。

図 6.1：技術がわかっていれば誰でも作れる簡単なフォーム

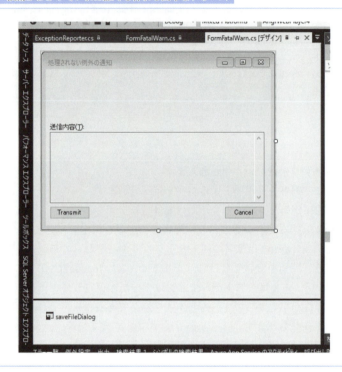

［Transmit］と［Cancel］のボタンがありますが、送信しないで保存する場合は［Transmit］ボタンは［Save As］ボタンに変化します。それを見越したフォームです。

FatalWarn.cs（コード部）

```
using System;
using System.Collections.Generic;
using System.ComponentModel;
using System.Data;
```

6.1 例外の自動レポートの例

```csharp
using System.Drawing;
using System.Linq;
using System.Text;
using System.Windows.Forms;
using System.Reflection;
using System.Net;
using System.IO;
using System.Diagnostics;

namespace ANGF
{
    public partial class FormFatalWarn : Form
    {
        private string message;
        private bool bSave;
        public FormFatalWarn(string message, bool bSave)
        {
            this.message = message;
            this.bSave = bSave;
            InitializeComponent();
        }

        private string createText()
        {
            var sb = new StringBuilder();
            sb.Append("ANGF Version ");
            sb.AppendLine(Application.ProductVersion);
            sb.Append("OS: ");
            sb.AppendLine(System.Environment.Is64BitOperatingSystem ?
                                            "64bit" : "32bit");
            sb.Append("Process: ");
            sb.AppendLine(System.Environment.Is64BitProcess ?
                                            "64bit" : "32bit");
            sb.Append("OSVersion: ");
            sb.AppendLine(System.Environment.OSVersion.ToString());
            sb.Append(".NET F/W: ");
            sb.AppendLine(System.Environment.Version.ToString());
            sb.Append(message);
            sb.AppendLine();
            sb.AppendLine();
            foreach (var item in AppDomain.CurrentDomain.GetAssemblies())
            {
```

185

```
            //sb.Append("Assembly Fullpath: ");
            //sb.AppendLine(item.Location);
            //sb.Append("Assembly FullName: ");
            //sb.AppendLine(item.FullName);
            //sb.Append("Assembly Version: ");
            //sb.AppendLine(item.GetName().Version.ToString());
            if (!string.IsNullOrWhiteSpace(item.Location))
            {
                FileVersionInfo ver = FileVersionInfo.GetVersionInfo(item.
                                                      ➥Location);
                //sb.Append("Assembly File Version: ");
                sb.AppendLine(ver.ToString());
            }
        }
        return sb.ToString();
    }


    private void FormFatalWarn_Load(object sender, EventArgs e)
    {
        textBox1.Text = createText();
        if (bSave)
        {
            label2.Text = @"ご迷惑をお掛けします。
処理されない例外が発生しました。この情報をファイルに保存することができます。
保存される内容は以下の通りです。
開発の助けになるので、情報内容に問題ない場合は開発者に御送信ください。
万一、開示したくない個人情報が含まれる場合はキャンセルしてください。
お手数をお掛けいたします。";
            buttonTransmit.Text = "保存(&S)";
        }
        else
        {
            label2.Text = @"ご迷惑をお掛けします。
処理されない例外が発生しました。この情報を開発元に送信することができます。
送信される内容は以下の通りです。
開発の助けになるので、情報内容に問題ない場合は御送信ください。
万一、開示したくない個人情報が含まれる場合はキャンセルしてください。
お手数をお掛けいたします。";
            buttonTransmit.Text = "送信(&S)";
        }
    }
```

6.1 例外の自動レポートの例

```csharp
private void buttonTransmit_Click(object sender, EventArgs e)
{
    if (bSave)
    {
        saveFileDialog.FileName = "fatal report" +
                ➡DateTime.Now.ToString("yyyyMMddHHmmss") + ".txt";
        if (saveFileDialog.ShowDialog() == DialogResult.OK)
        {
            try
            {
                File.WriteAllText(saveFileDialog.FileName,
                            ➡this.textBox1.Text, Encoding.Default);
            }
            catch (Exception ex)
            {
                MessageBox.Show(this, ex.ToString(), "Save Error");
            }
        }
    }
    else
    {
        var c = new WebClient();
        var ps = new System.Collections.Specialized.
                                        ➡NameValueCollection();
        ps.Add("message", textBox1.Text);
        Cursor.Current = Cursors.WaitCursor;
        var values = c.UploadValues("(送信先URI)", ps);
        Cursor.Current = Cursors.Default;
        DialogResult = System.Windows.Forms.DialogResult.OK;
        Close();
    }
}

private void buttonCancel_Click(object sender, EventArgs e)
{
    DialogResult = System.Windows.Forms.DialogResult.Cancel;
    Close();
}
```

187

Chapter **6** 問題を察知する方法

　このコードには、特にコメントを要する部分はあまりないはずです。

　情報を送信する場合は`WebClient`クラスで普通にデータをアップロードしているだけ、情報をファイル保存する場合に至っては、普通にファイル名を取得してそこに書き込んでいるだけです。

Column 「警察だ。犯人に警告する」

　筆者が Turbo C という製品を使用していたときです。ちなみに、Turbo C とは、C# の生みの親、アンダース・ヘルスバーグが開発した Turbo Pascal の姉妹製品として販売されていた C 言語のコンパイラです。さて、この製品には山のように警告機能が付いていました。

　C 言語は自由度の高いプログラミング言語です（そこが魅力でもありバグの温床にもなる）。しかし、警告機能をすべてオンにして警告はすべて出さないことを心掛けると、かなり自由度が縛られることになります。

　ところが、縛られているにもかかわらずバグが減るという恩恵があったのです。

　つまり、**バグの温床になりそうな機能はできるだけ使わずに、別の書き方を模索する**という態度で臨むと、それだけで品質は改善したのです。

　現在の Visual Studio では、FxCop などがその役割を担っているでしょう。すべてのルールを有効にするときつく縛られすぎると思いますが、それでも使える機能だけをどんどん使うようにすると効能がきっと現れるでしょう。

　ちなみに、FxCop という名前の中の Cop は警官を意味します。ソースコード警察の警官がつねにあなたのソースコードを監視し、ソースコードのルール違反を見逃さないようにしているイメージといえるでしょう。そしてルール違反があれば警告してきます。もちろん、最終決定権は利用者のあなたが持っています。不適切なルールが適用されていたらルールを変更してもかまいません。FxCop という警官は、変更されたルールに従い、警告を取りやめてくれるでしょう。

6.2 プログラム実行を動的に監視する

6.2 プログラム実行を動的に監視する

 DEBDEB。バグが出たらこのボタンを押して教えてくれ。
 わかったのだ。
 あ、さっそく自動レポートが来たぞ。どんなバグだ？
 面白いから押しただけなのだ。

　何か起きたときに情報を送信してもらう、という考え方を進めていくと、正常に動作している場合にも**「正常に動作しています」**という報告がほしくなります。異常動作した場合にだけレポートをもらっても、それがどの程度の割合で起きているかわからないからです。

図6.2：情報を送信してよいか確認を求める画面の例

189

Chapter 6 問題を察知する方法

　しかし、特定個人の情報を集めるのは好ましいことではありません。単純に、全ユーザーが何回起動し、何回正常に実行され、何回落ちたのかを把握したいということです。

　落ちる割合が多ければ利用者の満足度も低くなっているはずなので、早急な対策が必要だと判断できます。

　そのような情報を送信する機能を組み込んで悪いことはありませんが、ガラス張りにしておくことは大切です。どのような情報をいつどのように送っているか、それらを明らかにしないと情報を盗まれていると疑われることにもなります。

　送ってよいか質問して、よいと確認できた場合にだけ送るというのも良い選択です。

　そのように構築されたアプリも多くあります。前ページ図 6.2 は、Windows 7 の Windows アクションセンターが情報の送信について確認する画面です。

6.3 Application Insightという解決策

 よし。できたぞ。
 それは何なのだ？
 DEBDEB監視マシン。DEBDEBが何枚ポテチを食べて何キロ太ったのかを定期的にまとめてレポートしてくれる。
 それは無理なのだ。あたしがポテチを食べる速度は音速を超えるのだ。衝撃波で機械はすべて壊れるのだ。
 あ、ポテチの食べ屑でセンサーが死んだ。

　Visual Studioでプロジェクトを新規作成する際、すべての種類というわけではありませんが、いくつかのプロジェクトでは［Application Insight］というオプションをチェックできるようになっています（⮕図6.3）。

図6.3：ASP.NET Webアプリでオプションが表示されている場合

191

Chapter 6 問題を察知する方法

　これは Windows Azure の機能の 1 つで、アプリのテレメトリデータを収集する機能を持っています。もちろん、テレメトリデータを集めるだけの機能なので、利用するアプリは Web アプリに限定されません。UWP でも利用できます。
　実際に実行すべきことは、図 6.4 のようにチェックを入れておく程度で、やるべきことはほとんどありません。

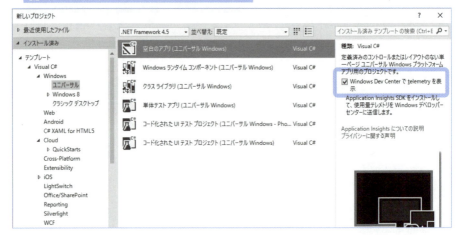

図 6.4：UWP でオプションが表示されている場合

　そうすると、テレメトリの集計データは定期的に電子メールとして以下のようなタイトルで毎週届きます（⇒次ページ図 6.5）。

Your Weekly Application Insights digest email

　［View in Portal］のリンクをクリックすると Azure のポータルで見ることもできます（⇒次ページ図 6.6）。
　これは全利用者の動作の統計データを容易に得られるという意味で、ある種のビッグデータの手軽な利用方法の 1 つでしょう。
　しかし、利用者が多いときにだけ利用すべきともいえません。
　たとえ利用者が 10 人しかいなくても、利用状況を把握したり、クラッシュの頻発を察知するなどの用途には有益でしょう。
　すぐに使えるので、利用したい人は積極的に使うとよいでしょう。
　ただし、使い捨てのテストプログラムなどで使用する意味はありません。遠隔地で使っている見知らぬ誰かの利用情報が統計として届くことにメリットがあるのであって、目の前で動かして終わるプログラムなら、見れば結果がわかるからです。

6.3 Application Insightという解決策

図 6.5：毎週届くダイジェスト

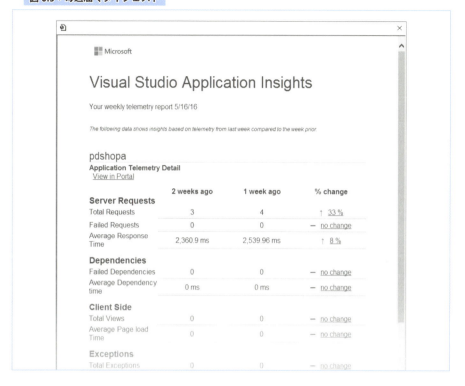

図 6.6：ポータルで見た場合

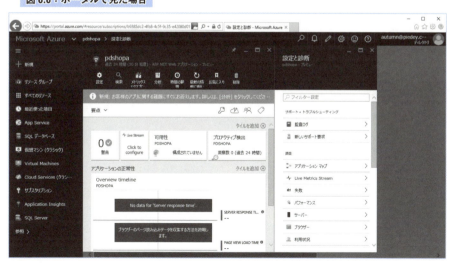

193

Chapter 7 修正が難しい各種のバグ

7.1 ハイゼンバグ (*Heisenbugs*)

- 最初は**ハイゼンバグ**からいきましょう。
- 配膳虫？ 何ですか？ それは。
- デバッグしようとすると消えてしまう、やっかいなバグです。
- あ、それ、経験があります。そんなすごくめんどくさいバグが、どうして起こるのですか？

ハイゼンバグとは何か？

ハイゼンバグとは何でしょうか？
それは**デバッグしようとすると消えてしまうバグ**です。
もちろん、バグが消滅するわけではありません。
バグは依然として残っています。
そうではなく、開発者の目から見えなくなってしまうのです。
なぜでしょうか？
どのような順番で問題が発生するのか、以下に説明しましょう。

1. 利用者がバグに気づく
2. 利用者は 100 パーセント再現できる
3. 再現できるバグなら楽勝だと考えて開発者はデバッグを始める
4. 開発者は再現ができない
5. お手上げ

このような問題が起きる原因は実は 1 つではありません。以下のようなものが挙げられます。

- 利用者と開発者のマシンの違いの問題

Chapter **7** 修正が難しい各種のバグ

- デバッグビルドの問題
- デバッガの問題
- 単体テスト環境と結合テスト環境の違いの問題
- デバッグ用の挿入されたコードの問題　　など

　これらは、それぞれ異なる誘因であり、インパクト、対処方法、再発防止策などはいずれも同じではありません。表面的に同じように見えただけです。

　ここでは、これらのケースごとに退治方法を説明しましょう。

デバッグビルドでは発生しない場合

症状

リリースビルドではバグを再現できます。

デバッグビルドではバグが発生しません。

識別方法

ビルドのテンプレートを［Release］と［Debug］に切り替えて実行してみます。

　それ以外の環境や設定が何もかも同じなのに、ビルドを切り替えるだけで発生したりしなくなったりする場合は、これが原因である可能性が大です。

インパクト

　デバッガで思いどおりの場所にブレークポイントを仕掛けられず、トレース実行も思いどおりにできなくなります。これはリリースビルド時にはコンパイラが最適化して不要コードを除去したり、効率アップのためにコードを並べ替えてしまうためです。変数などが閲覧できなくなることもあります（コードの効率化のために変数そのものをメモリ上に確保しなくてよくなっている場合）。

原因

原因は1つではありません。

大きく分けると以下の3種類になります。

- ビルドによって変化する機能を使用した
- ライブラリのバグ
- コンパイラのバグ

7.1 ハイゼンバグ(*Heisenbugs*)

2番目と3番目は近年それほど聞きませんが、まったくないとも言い切れません。
1番目の機能はさらに細かく分類できます。

- System.Diagnostic.Debug クラスを使用している
- Conditional 属性でデバッグビルドに実行を限定している機能がある
- #if などを使用して、ビルドによってコード内容を変えている
- その他、ビルドによって挙動を変化させる何らかの機能を使用している（サードパーティのライブラリの詳細にまで踏み込むので列挙できない）

一見、これらの機能を使用していることは容易にわかりそうですが、ソースコードが大きいと紛れてわかりにくいものですし、呼び出し先のライブラリにゴミとしてこれらのコードが残っているという場合もあります。

以下にそれぞれの例を挙げましょう。

例1：System.Diagnostic.Debug クラスを使用している場合

```
using System;
using System.Diagnostics;

class Program
{
    static void Main(string[] args)
    {
        Debug.Write("re");
        if (args.Length == 0)
            Trace.Write("set");
        else
            Trace.Write("reset");
    }
}
```

ここでは、引数無しで実行したと仮定します。

期待された結果（出力ウィンドウ）

reset

199

Chapter **7** 修正が難しい各種のバグ

リリースビルドでの結果（出力ウィンドウ）

```
set
```

デバッグビルドでの結果（出力ウィンドウ）

```
reset
```

例2：Conditional 属性を使用している場合

```csharp
using System;
using System.Diagnostics;

class Program
{
    private static int i;
    [Conditional("DEBUG")]
    static void f()
    {
        for (i = 0; i < 10; i++)
        {
            Debug.WriteLine(i);
        }
    }

    static void Main(string[] args)
    {
        i = 11;
        f();
        Console.WriteLine(i);
    }
}
```

期待された結果

```
10
```

7.1 ハイゼンバグ(*Heisenbugs*)

リリースビルドでの結果

```
11
```

デバッグビルドでの結果

```
10
```

例3：#ifなどを使用している場合

```csharp
using System;

class Program
{
    static void Main(string[] args)
    {
        int x = 123;
#if DEBUG
        Console.WriteLine(x/2.0);
#else
        Console.WriteLine(x/2);
#endif
    }
}
```

期待された結果

```
61.5
```

リリースビルドでの結果

```
61
```

デバッグビルドでの結果

```
61.5
```

Chapter **7** 修正が難しい各種のバグ

例4：その他（Universal Windows アプリとして作成）

MainPage.xaml（抜粋）

```
<Grid Background="{ThemeResource ApplicationPageBackgroundThemeBrush}">
    <Button x:Name="btn"  Click="Button_Click"
          ➥HorizontalAlignment="Center" VerticalAlignment="Center"></Button>
</Grid>
```

MainPage.xaml.cs（抜粋）

```
private void Button_Click(object sender, RoutedEventArgs e)
{
    var start = DateTimeOffset.Now;
    for (int i = 0; i < 1000000000; i++)
    {

    }
    btn.Content = (DateTimeOffset.Now - start).ToString();
}
```

期待された結果

（数秒程度の時間。詳細は環境やタイミングによって異なる）

リリースビルドでの結果

00:00:00

デバッグビルドでの結果

（数秒程度の時間。詳細は環境やタイミングによって異なる）

　Universal Windows アプリのリリースビルドはネイティブコードで動作するので、高度な最適化が行われます。その結果、何もしないループは丸ごと除去されてしまいます。つまり、for ループに時間待ちの機能があるわけではないのです。一方、最適化が停止されるデバッグビルドではループは除去されません。

202

7.1 ハイゼンバグ（Heisenbugs）

対処方法

対処のための主な戦略は3つあります。

●デバッグビルドで現象が起きないならリリースビルドでデバッグする

多くの制約が付いて回るものの、不可能という話でもありません。やってやれないことはありません。しかし、制限事項と調べたいことがバッティングすると先に進めなくなります。この方法でなんとかなるのなら、この方法をお勧めします。

●デバッグビルドでも起こる再現条件を探る

ただし、そのような条件があるとは限りません。見つからない場合は他の選択肢を選ぶことになります。

●デバッガを使わないデバッグ手法を試す

たとえば、printf デバッグはデバッガを使わないデバッグ手段の典型例です。

再発防止策

ライブラリをアップデートしたらゴミが混入していた……ということもあるので、完全な再発防止は困難です。では、デバッグビルドでのみ（あるいはリリースビルドでのみ）有効になる機能は避けたほうが良いのでしょうか？　それもお勧めできません。デバッグビルドでのみ有効になる機能は、ソースコードから削除を忘れてもリリースビルドするだけで消えてしまうので、それはそれで便利だからです。

いえることは、せいぜい**条件に依存しない機能は不必要に使わない**ぐらいかもしれません。

バグ対応実践編

例1～4のバグを実際に取ってみましょう。

バグ対応実践編の正解

例1の修正

```csharp
using System;
using System.Diagnostics;

class Program
{
```

Chapter **7** 修正が難しい各種のバグ

```csharp
    static void Main(string[] args)
    {
        if (args.Length != 0)
        {
            Trace.Write("set");
        }
        else
        {
            Trace.Write("reset");
        }

    }
}
```

期待された結果（引数無しで実行したと仮定）

reset

実行結果（リリース／デバッグビルドいずれも同じ）

reset

例 2 の修正

```csharp
using System;
using System.Diagnostics;

class Program
{
    [Conditional("DEBUG")]
    static void f()
    {
        for (int i = 0; i < 10; i++)
        {
            Debug.WriteLine(i);
        }
    }

    static void Main(string[] args)
```

204

7.1 ハイゼンバグ(*Heisenbugs*)

```
    {
        int i = 10;
        f();
        Console.WriteLine(i);
    }
}
```

期待された結果

```
10
```

実行結果（リリース / デバッグビルドいずれも同じ）

```
10
```

例3の修正

```csharp
using System;

class Program
{
    static void Main(string[] args)
    {
        int x = 123;
        double half = x / 2.0;
#if DEBUG
        Console.WriteLine(half);
#else
        Console.WriteLine(half);
#endif
    }
}
```

期待された結果

```
61.5
```

Chapter **7** 修正が難しい各種のバグ

実行結果（リリース／デバッグビルドいずれも同じ）

61.5

例 4 の修正（抜粋）

```
private async void Button_Click(object sender, RoutedEventArgs e)
{
    var start = DateTimeOffset.Now;
    await System.Threading.Tasks.Task.Delay(3000);
    btn.Content = (DateTimeOffset.Now - start).ToString();
}
```

※ 3000 は停止させたい時間をミリ秒単位で指定したもの。この場合は 3 秒（＝ 3000 ミリ秒）。

デバッガ上では発生しない場合

症状

シェル（たとえば Explorer）から実行するとバグが発生します。

デバッガ上で実行するとバグが発生しません。

亜種として、デバッガ上の特定の機能（トレース実行やブレークポイント）を併用すると発生しないケースもあります。

識別方法

通常実行してバグが発生することを確認します。

すべての条件を変更せずにデバッガ上で実行し、バグが発生しないことを確認します。あるいは、デバッガ上の特定の機能を使用し、バグが発生しないことを確認します。

インパクト

他のバグを直しているときにこれに出合うと、直したいバグを直す前にこちらのバグを直す必要が発生します（そうしないとデバッグがスムーズに進まない）。

原因

原因は以下の 2 つに大別されます。

- **デバッガが提供する実行環境が生の実行環境と食い違っている**

7.1 ハイゼンバグ (Heisenbugs)

- デバッガ上での実行が、プログラムの実行速度やタイミングに影響を与えている

例

```
using System;
using System.Threading.Tasks;

class Program
{
    private static int x = 0;
    private static async void write()
    {
        await Task.Delay(300);
        x = 1;
    }

    private static void read()
    {
        Console.WriteLine(x);
    }

    static void Main(string[] args)
    {
        write();
        Task.Delay(100).Wait();
        read();
    }
}
```

期待された結果

```
1
```

実行結果（普通に実行したとき）

```
0
```

Chapter **7** 修正が難しい各種のバグ

> 実行結果（デバッガでトレース実行したとき）

```
1
```

対処方法
まず、**発生した問題がデバッガ環境依存なのかタイミング依存なのかを切り分け
ます。**

●デバッガ環境依存の場合
　環境の非互換性情報を確認し、それに引っかかる機能をソースコードで使用してい
ないか調べます。使用していた場合は、できるだけ依存しないコードに書き換えます。
　非互換性情報が提供されない場合や提供されていても不十分な場合は、できるだけ
問題発生個所を切り分けて、問題を起こした機能を突き止めます。
　もし、問題発生個所を突き止めることができても他の機能に置き換えることができ
ない場合は、開発元に連絡して修正を依頼します。直らない場合は、デバッガによる
デバッグは諦めます。

●タイミング依存の場合
　非同期処理やマルチタスク／マルチスレッド処理を探して、参照される変数値等の
用意が完了する前にリソースを利用する処理を洗い出します。

再発防止策
デバッガの環境に依存する機能は、意識的になるべく使わないようにします。
　非同期処理は、意図的に並列処理を望む場合を除き、できるだけ終了を確認するよ
うにコードを書きます。非同期メソッドはvoidを返すよりもTaskクラス（場合によっ
ては他のタイミング処理用のクラス）を返すべきで、返ってきた値で終了を確認すべ
きです。

バグ対応実践編
例として挙げたコードを意図どおりに動くように修正してみましょう。

バグ対応実践編の正解

```
using System;
using System.Threading.Tasks;
```

標題 **7.1 ハイゼンバグ(*Heisenbugs*)**

```
class Program
{
    private static int x = 0;
    private static void write()
    {
        Task.Delay(300).Wait();
        x = 1;
    }

    private static void read()
    {
        Console.WriteLine(x);
    }

    static void Main(string[] args)
    {
        write();
        Task.Delay(100).Wait();
        read();
    }
}
```

トレース実行しても結果が変わらないならどのように書いてもかまいません。

開発者のマシンでは発生しない場合

症状
開発マシンでのみ動作します。
他のマシンでは動作しません（仮想マシンや、同一マシン上にインストールされた
OSの別インスタンスは他のマシンと見なす場合と見なさない場合がある）。

識別方法
開発マシンでのみ実行できます。
他のマシンでの実行に成功したことがありません。

Chapter **7** 修正が難しい各種のバグ

インパクト

有意義なフィードバックがいっさい得られません。

原因

原因はハード的な要因とソフト的な要因に分けられます。

●ハード的な要因

特別な周辺機器や、メモリ容量、CPU の性能などによるものです。一般的に開発
マシンはパワーがあり、特別な機器が接続されている可能性が高いので、非互換性が
発生する可能性があります。

●ソフト的な要因

特殊な設定や特殊なファイルの存在により、たまたま正常に動作してしまうことに
よるものです。

●複合的な要因

ハードの違いが読み込まれるドライバの違いを生み、それが動作に非互換性を発生
させることもあります。

例

初回実行時のソース（未完製品なので開発者だけが実行した）

```
using System;
using System.IO;

class Program
{
    static void Main(string[] args)
    {
        string filename = "data.txt";
        string data = "";
        File.WriteAllText(filename, data);
    }
}
```

7.1 ハイゼンバグ(*Heisenbugs*)

2回目の実行時のソース（開発者のマシンでのみ動作する）

```csharp
using System;
using System.IO;

class Program
{
    static void Main(string[] args)
    {
        string filename = "data.txt";
        string data = File.ReadAllText(filename);
        File.WriteAllText(filename, data);
    }
}
```

開発者以外が実行すると `FileNotFound` 例外が起きて動作しません。

開発マシンには初回実行したときのファイルが残っているので、このソースは実行できてしまうのです。しかし、それ以外のマシンにはそのファイルが存在しないので、例外が起きます。

対処方法
開発マシン以外の環境でデバッグを行います。

非互換性を発生させているコードが明らかである場合には、非互換性を発生させる原因を除去して再現するようにしてから直してもかまいません。

再発防止策
リリース前に新規インストールしたまっさらな環境で動作テストをできるだけ行います。それが難しいとしても、できるだけそれに近い環境でのテストを行います。

バグ対応実践編
上に挙げた例のコードを、意図どおりに動くように修正してみましょう。

バグ対応実践編の正解

```csharp
using System;
using System.IO;
```

211

Chapter **7** 修正が難しい各種のバグ

```csharp
class Program
{
    static void Main(string[] args)
    {
        string filename = "data.txt";
        string data = "";
        if (File.Exists(filename)) data = File.ReadAllText(filename);
        File.WriteAllText(filename, data);
    }
}
```

ファイルがあるときだけ読む込むようになっていれば、どう書いてもかまいません。

単体テストでは発生しない場合

症状

特定のメソッドやプロパティなどが単体テストはパスしているのに、結合テストを行うと正常に動作しません。

識別方法

単体テストには目立った不備は存在しません。

単体テストは正常に実行されています。

それにもかかわらず、結合テストを行うと特定のメソッドやプロパティなどが意図した結果を出しません。

インパクト

動作確認が取れているはずのメソッドやプロパティなどが問題を起こすため、原因の究明が遅れがちになります。

原因

原因は以下の2つに大別されます。

- **単体テストフレームワーク内と実用実行環境の差が影響している**
- **単体テストに想定外のテストケース不足があった**

212

7.1 ハイゼンバグ(*Heisenbugs*)

例

本体側コード

```csharp
using System;

public class A
{
    private int a = 0;
    public int GiveMeOne()
    {
        return ++a;
    }
}

class Program
{
    static void Main(string[] args)
    {
        var a = new A();
        var sum = 0;
        for (int i = 0; i < 10; i++)
        {
            sum += a.GiveMeOne();
        }
        Console.WriteLine(sum);
    }
}
```

期待された結果

```
10
```

実際の結果

```
55
```

　単に 1 を返すだけのメソッドとして、0 をインクリメントして返すようなコードを
書くわけがない……という意見は一理あります。しかし、仕様変更に次ぐ仕様変更で

Chapter 7 修正が難しい各種のバグ

コードを修正し続けると、誰も書くわけがないような「間抜け」なコードが意図せず
生まれてしまうケースがあります。

単体テスト側コード

```
using System;
using Microsoft.VisualStudio.TestTools.UnitTesting;

namespace UnitTestProject1
{
    [TestClass]
    public class UnitTest1
    {
        [TestMethod]
        public void TestMethod1()
        {
            var a = new A();
            var one = a.GiveMeOne();
            Assert.AreEqual(one, 1, "GiveMeOne not return 1");
        }
    }
}
```

実行結果

テスト成功

対処方法

単体テストを過信しないようにします。単体テストはバグを未然に発見する有力な
ツールですが、すべてのバグを検出してくれるわけではありません。

再発防止策

動作環境や、実行コンテキストに依存するコーディングはできるだけ避けます。
上記の例の場合、メンバー変数 a が実行コンテキストに依存していて問題を起こし
ています。つまり、1回だけ呼び出した場合は意図した値を返しても2回目から意図
しない値になる原因は、このメンバー変数の参照にあります。

テストケースを増やして検出するのは愚策です。単体テストは気軽に何回でも実行
できる軽量さを持たせておくべきです。

214

7.1 ハイゼンバグ（*Heisenbugs*）

バグ対応実践編

例として挙げたコードを意図どおりに動くように修正してみましょう。

バグ対応実践編の正解

クラス A の実装部分のみ修正

```
public class A
{
    public int GiveMeOne()
    {
        int a = 0;
        return ++a;
    }
}
```

つねに 1 を返す内容になっていれば、どのように記述してもかまいません。

printf デバッグを行うと発生しない場合

症状

バグは再現していますが、System.Diagnostic.Debug.Write などをソースコードに挿入すると再現しなくなります。

識別方法

ソースコードをビルドして実行するとバグが再現します。
そのソースコードに何か 1 行書き足してビルドするとバグが再現しなくなります。

インパクト

あえて printf デバッグを行っている以上、デバッガが使用できない状況だと思われます。そこでさらに printf デバッグまでが封じられてしまうと、デバッグに使用できる方法はほぼなくなってしまいます。あとは知恵と勇気と不退転の決意で乗り切るしかなくなります。

原因

原因は以下の 2 つに大別されます。

215

Chapter **7** 修正が難しい各種のバグ

- 実行ファイル中の問題コードの位置がずれることで動作が変わる（実行環境やコンパイラなどの要因）
- 実行ファイル中の問題コードのタイミングがずれることで動作が変わる（動作の非同期性の問題）

例

```
using System;
using System.Threading.Tasks;

class Program
{
    static void Main(string[] args)
    {
        object o = null;
        Task.Run(()=> {
            o = new object();
        });
        Console.WriteLine("{0} passed", DateTimeOffset.Now);  ◁※
        Console.WriteLine(o.ToString());
    }
}
```

期待された結果

```
System.Object
```

実際の結果

```
System.NullReferenceException
```

※印の行を挿入した場合の結果（日付と時刻は実行したタイミングで変化する）

```
2016/05/28 15:27:18 +09:00 passed
System.Object
```

216

7.1 ハイゼンバグ(*Heisenbugs*)

対処方法

品質の低い実行環境やコンパイラによって引き起こされる場合もあります。その場合は、開発元にレポートして修正を期待することになります。対処は、せいぜい問題を発生する原因を回避してコードを書き直す程度のことになるでしょう。

非同期性の問題で発生する場合は、きちんとタイミングを取って動作するように修正します。

再発防止策

安定した信頼性のあるコンパイラや実行環境を利用します。非同期にさまざまな処理が走る場合は、処理間の同期をきちんと取るようにします。並列実行（非同期処理を含む）の問題をきちんと理解していないスタッフには任せないようにします。

バグ対応実践編

例として挙げたコードを意図どおりに動くように修正してみましょう。

バグ対応実践編の正解

```
using System;
using System.Threading.Tasks;

class Program
{
    static void Main(string[] args)
    {
        object o = null;
        Task.Run(()=> {
            o = new object();
        }).Wait();
        Console.WriteLine("{0} passed", DateTimeOffset.Now);   ◄※
        Console.WriteLine(o.ToString());
    }
}
```

期待された結果

```
System.Object
```

217

Chapter 7 修正が難しい各種のバグ

実際の結果

```
System.Object
```

※の行を挿入した場合の結果（日付と時刻は実行したタイミングで変化する）

```
2016/05/28 15:34:06 +09:00 passed
System.Object
```

Column 「ハイゼンバグ」という名前の由来

おほん、バギー先生です。

「ハイゼンバグ」という言葉の由来について説明しましょう。

名前は丸暗記すればよいという人は読み飛ばしてもかまいませんよ。

さて、ハイゼンバグという名前はハイゼンベルクのもじりです。

ハイゼンベルクというのは、漫画やアニメのタイトルでも神話の神さまの名前でもなく、ドイツの理論物理学者の名前です。ヴェルナー・カール・ハイゼンベルク（*Werner Karl Heisenberg*）。1901年生まれで、1976年に亡くなりました。

しかし、なぜ理論物理学者の名前がバグの名前になるのでしょうか？

その秘密は、不確定性原理という彼の発見にあります。

不確定性原理とは、粒子の位置と運動量の双方を同時に正確に計測することはできないという原理です。

この原理はしばしば観察者効果という言葉と混同されます。観察者効果とは、観察するという行為が対象に影響を与えてしまうことを意味します。何をもって観察者効果と呼ぶかはケースによりますが、たとえば電源回路に電圧計をつないで電圧を測定する場合、電圧計そのものにも電気が流れるため、厳密に同じ電圧が維持されているとは限りません。つまり、電圧計が100Vを示したとしても、電圧計を付ける前は101Vだったのかもしれないのです。

ハイゼンバグの挙動は、不確定性原理よりもむしろこの観察者効果であるといえます。バグを知ろうとする行為そのものがバグの振る舞いに影響を与えてしまいます。

つまり、ハイゼンバグをハイゼンベルクから理解しようとすると間違う可能性があります。観察者効果の問題だと思っておくとよいでしょう。

7.2 ボーアバグ (Bohrbugs)

The Way to Be a DEBUG Star

- ふう。バギー先生、ハイゼンバグは強敵でした。
- どこが難しかったですか？
- やはり、デバッグしようとすると消えてしまうのが難関です。消えなければ僕だって。
- では、次はデバッグしようとしても特に消えたりしない**ボーアバグ**を説明しましょう。
- 消えないバグなら楽勝ですよ。このデバッグ・スター様に取れないバグはありません。えっへん。
- では、このプログラムをデバッグしてください。1を期待しているのに2を出力する場合があります。何回か実行しているとたいてい1か2を出力します。
- デバッグ実行で条件を突き止めます。前提条件を合わせますから2になる条件を教えてください。
- わかっていません。

ボーアバグとは何か？

　発生に条件があるバグをボーアバグといいます。条件がわかっている場合は簡単に取れますが、**条件がわかっていない場合はデバッグの難易度が急上昇**します。

症状
ある特定の条件の場合にのみバグが発生します。

識別方法
バグが発生する場合としない場合の間に、明確な条件が存在します。
その条件が既知か未知かは問いません。

Chapter **7** 修正が難しい各種のバグ

条件が未知の場合、条件が存在しないこともありうるので、ボーアバグかどうか判定できないこともあります。

インパクト

条件が既知である場合は、条件を合わせさえすれば普通のバグと同じようにすぐ取れます。

条件が未知である場合は、バグを取る作業、バグを取ったことを確認する作業が著しく難しくなります。

原因

原因は以下の2つに大別されます。

- **条件依存で実行されるコード内にバグが存在する**
- **条件次第で変化する結果をもたらすコードが存在する**

例

```csharp
using System;

class Program
{
    static void Main(string[] args)
    {
        int x = 1;
        if (DateTimeOffset.Now.Second/10 % 2  == 0)
        {
            x++;
        }
        Console.WriteLine(x);
    }
}
```

期待された結果

```
1
```

7.2 ボーアバグ（Bohrbugs）

> **実際の結果（現在時刻の10秒の桁の偶数／奇数で結果が変わる）**

> 1または2

> **対処方法**

再現条件を確定したうえでバグを取ります。

> **再発防止策**

メソッドやクラスはできるだけ外部の情報を参照させないようにします（不変のクラスとして実装できるものはできるだけ不変のクラスを心掛ける。不変のクラスとは、同じように使用したときには必ず同じ結果をもたらすクラス）。

> **バグ対応実践編**

以下のソースコードでバグが発生する条件を調べてみましょう。

```csharp
using System;

class Program
{
    static void Main(string[] args)
    {
        var week = (int)DateTimeOffset.Now.DayOfWeek;
        Console.WriteLine(1000 / week);
    }
}
```

> **期待された結果**

> 曜日ごとに異なった数値（たとえば土曜日なら166）

> **実際の結果**

> 曜日ごとに異なった数値を出すが、まれに例外で停止する

　このプログラムは例外を発生させると多くの利用者から指摘されていますが、サラリーマンプログラマーのサラは再現できたためしがありません。なぜサラは再現

221

Chapter **7** 修正が難しい各種のバグ

させた経験がないのでしょうか？　ちなみにサラの勤務時間は月曜日から金曜日までの 10 時から 19 時までです。12 時から 1 時間は昼休みとなっています。

バグ対応実践編の正解

日曜日に実行した場合に再現します。

サラリーマンプログラマーのサラが再現に成功したことはないのは、日曜日は休みで、日曜日にこれを実行したことがないからです。

ちなみに、`DateTimeOffset.Now.DayOfWeek` の値は列挙体で 7 つの曜日の名前には数値が割り当てられていて、`int` 型に変換できます。このとき、Sunday（日曜日）は 0 になるので、0 除算の例外が起きます。

Column 「ボーアバグ」という名前の由来

おほん、バギー先生です。

「ボーアバグ」という言葉の由来について説明しましょう。

名前は丸暗記すればよいという人は読み飛ばしてもかまいませんよ。

さて、ボーアバグという言葉はボーアの原子模型に由来します。

ボーアの原子模型では、電子のエネルギー準位と対応する軌道は量子条件が満たされるものだけが選ばれて、別の軌道へは突然遷移します。

おそらく、このような**居場所は決まっているが、知らないと探すのに苦労する**という特徴がボーアバグという名前を生んだのでしょう。

原子から電子が行方不明にならないのと同じように、ボーアバグならば、バグの発生条件はあります。居所が見つからないからといって、ないと決め付けてはなりません。

ただし、原子から本当に電子がはじき飛ばされることもあります。同じように、ボーアバグと疑われた誤動作が単なるハードの故障だということもあります。原因が明確になるまでは、予断を持たずに冷静に対処しましょう。

7.3 マンデルバグ (Mandelbugs)

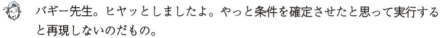
バギー先生。ヒヤッとしましたよ。やっと条件を確定させたと思って実行すると再現しないのだもの。

デバッグ・スター君。これが条件に違いないと思っても、それが外れることはよくあることです。

今度は、こんな条件確定で悩むようなバグではなくて、実行すると確実にバグが起きるようなタイプを頼みます。

では、**マンデルバグ**はどうでしょう。

それは何ですか？

いろいろな定義や解釈はあるようですが、ここでは単純に**カオスに見えるバグ**として説明しましょう。

カオスって何ですか？

混沌です。

マンデルバグとは何か？

あまりにも複雑なので混沌としているように見えるバグです。実態としては他のタイプのバグかもしれないのですが、複雑さがそれを覆い隠してしまいます。

症状

間違いなく意図した動作をしていませんが、いくら調べても条件や原因がまったくわかりません。

識別方法

通常のデバッグ手法では対処できないほど複雑、混沌としているように見えます。

Chapter **7** 修正が難しい各種のバグ

インパクト

バグがそこにあることは認識されているものの、直せないため、しばしば長期間放置されます。

原因

主な原因を挙げると以下のようになります。

- システムが過剰に複雑である
- システムが過剰に大きい
- システムの設計に例外事項が多かったり、場当たり的な仕様が多く、出来が良くない
- 動作に異常が起きてからそれが見える形になるまでに大きな時間差がある
- ハードウェア、OS、他のソフトウェアなどから影響を受けて動作が変わる

例

```
using System;

class A
{
    public static int Plus(int x, int y)
    {
        return x + y;
    }
    public static int Minus(int x, int y)
    {
        return Math.Abs(x - y);
    }
}

class Program
{
    static void Main(string[] args)
    {
        Console.WriteLine(A.Plus(1, 2));
    }
}
```

7.3 マンデルバグ(Mandelbugs)

実行結果

```
3
```

このプログラムは Plus メソッドを呼ぶと単純に加算してくれます。

そこで、Minus メソッドも呼んで減算させようと考えてそのために行を書き足しました。

Main メソッドのみ抜粋

```
static void Main(string[] args)
{
    Console.WriteLine(A.Plus(1, 2));
    Console.WriteLine(A.Minus(1, 2));  ← この行を書き足した
}
```

期待された結果

```
3
-1
```

実際の結果

```
3
1
```

1-2 は -1 になるはずなので、意図したようになっていません。もしや、引数の順序を勘違いしたのではと思って書き直してもダメでした。

```
Console.WriteLine(A.Minus(2, 1));
```

シンプルな引き算というものが思いどおりにならずに、彼はカオスに飲み込まれました。

対処方法

過剰に複雑な場合は、1つ1つ整理して問題をシンプルにします。

サイズが大きいときは、対象サイズを絞り込んで小さくします。

仕様が良くない場合は、仕様を整理し直して、きちんとドキュメントを作ります。

225

Chapter **7** 修正が難しい各種のバグ

再発防止策

不必要に大きなコードを書かないようにします。重複は取り除きましょう。

不必要に複雑なコードは書かないようにします。未知の未来に備えることは、害が多く、益はわずかです。

仕様はできるだけ整理してコンパクトにしましょう。整理されたコンパクトな仕様は、プログラム作成を迅速に進める切り札になります。

バグ対応実践編

例として挙げたコードを意図どおりに動くように修正してみましょう。ただし、クラス A の呼び出しは取り除かないものとします。

バグ対応実践編の正解

クラス A のみ抜粋

```
class A
{
    public static int Plus(int x, int y)
    {
        return x + y;
    }
    public static int MinusAndAbsolute(int x, int y)
    {
        return Math.Abs(x - y);
    }
    public static int Minus(int x, int y)
    {
        return x - y;
    }
}
```

バグの原因は、Minus メソッドが**マイナス（*minus*）**という名前であるにもかかわらず引き算（*minus*）と絶対値化（*absolute*）の2つの機能を持っているわかりにくさにあります。このような直感的にわかりにくい仕様が、ソースコードのカオス化の一因になります。

そこで、以下の2つの修正を行いました。

- Minus メソッドをより機能の実態に近い MinusAndAbsolute メソッドに改名

7.3 マンデルバグ（Mandelbugs）

- 純粋に引き算だけの機能を持つ Minus メソッドを増設

ちなみに改名を行うときは単純に書き換えるのではなく、Visual Studio なら Ctrl + R、Ctrl + R の名前変更機能で行うと良いでしょう。そうすると、もともと Minus メソッドを呼び出していたコードはすべて MinusAndAbsolute メソッドを呼び出すように修正されます。

Column 「マンデルバグ」という名前の由来

おほん、バギー先生です。

「マンデルバグ」という言葉の由来について説明しましょう。

名前は丸暗記すればよいという人は読み飛ばしてもかまいませんよ。

さて、マンデルバグという言葉はフラクタルを提唱したマンデルブロという学者の名前に由来します。

フラクタルとは、図形の部分と全体が自己相似になっているものなどを意味します。つまり、ある図形の拡大を続けていくと拡大しかしていないのに同じような図形がまた出現するものです。たとえば、縮尺の違う海岸線の地図なのに、同じような線が見られる場合もそうです。

しかし、フラクタルそのものはマンデルバグとは直接関係しません。

では、なぜカオス（混沌）に見えるバグがマンデルバグと呼ばれるのでしょうか？

それは、フラクタルがしばしばカオス理論と一緒に語られる存在だからでしょう。カオス理論は、当然カオス（混沌）についての理論です。

では、マンデルバグなどといわずにカオスバグと呼べばよいのではないかと思うかもしれませんが、なぜかマンデルバグと呼ばれているのです。

Column バグは見つかったらすぐ直せばよいの罠

おほん、バギー先生です。

ネットの時代になり、プログラムを更新するための手間と時間はほとんど見えないぐらい小さなものになりました。

そのため、起動時にバージョンチェックを行い、更新があればそれを行ってから起動する Web ブラウザなどは珍しくもありません。

Web システムに至っては、いつの間にか更新されていることが日常茶飯事で、それ

227

Chapter **7** 修正が難しい各種のバグ

を意識しないことも多くあります。

　そのため、以下のようにいう人がいます。

> 　プログラムの品質を確保するよりも迅速にリリースするほうが大切だ。バグが出
> たらすぐ直せばよい

　はい。この認識は間違いです。

　なぜなら、**すぐに直す**を実践することはきわめて難しいからです。

　なぜでしょうか？

　すぐに直すためには、そのためのスタッフを張り付けておく必要があります。レポートがあってすぐ直すなら、そのためのスタッフを常時待機させなければなりません。レポートが来ないからといって、待機を止めることはできません。待機を止めた1時間後にレポートが来る可能性は誰も否定できないからです。そして、大部分の時間、作業が発生しないバグ取り要員を維持するコストを、たいてい運営者は負担できません。現実的には他の作業と兼任でスタッフを張り付けておくことになりますが、兼任であれば素早く対応できない可能性がつねに発生します。

　そして、たとえスタッフがいても、すぐに直せないバグはいくらでもあります。マンデルバグはその一例です。何カ月、あるいは何年も放置されるバグもあります。

　さらにいえば、直せるバグはまだマシで、世の中には直せないバグもあります。たとえば、バグに依存して動作するスクリプトの利用者が多数いる場合、バグを取るとそれらのスクリプトもすべて壊滅してしまいます。その場合は、インパクトが大きすぎて直せないこともあります。

　結果として**すぐに直せばよい**は空虚な理想論にすぎず、世界には欠陥を抱えたプログラムが溢れかえっています。数十回もアップデートしているのに、このバグはずっと直っていない……という事態も架空の話ではありません。

　では、コードを書く側としてはどう対処すれば良いのでしょうか？

　それは、**バグが出たらすぐに直せばよい**といい加減なコードを書いて放置するのではなく、最初から品質を意識したコードを書くことでしょう。すべての行の動作をきちんと説明できない**いい加減なコード**はカオスを生み、容易には取れないマンデルバグの温床となります。

7.4 シュレーディンバグ(Schroedinbugs)

 バギー先生、この間作ったプログラムをデバッグするためにソースコードを見たら、どうも誤解だらけに見えてきました。よくこんなコードが書けたものだと自分でも笑っちゃいますよ。ゼロから書き直そうと思いましたが、それは時間的に無理なので、大幅に手を入れようと思います。いま、作業中です。

 デバッグ・スター君。それはネットに公開して評判が良かった例のプログラムですか?

 そうです。

 でも評判は悪くないし、わたしが動かしたときも問題はありませんでしたよ。

 きっと偶然動いていただけですよ。

 そうでしょうか。

シュレーディンバグとは何か?

　バグはないのにソースコードを見ているとバグがあるかのような心理に陥り、ありもしないバグが存在すると誤認してしまうのがシュレーディンバグです。つまり、厳密にはバグではありません。バグと思えてしまうものです。

症状

　すでに稼動していて、実績も十分にあり、問題のないソースコードを見直すと間違っているような気がしてきます。

　こうした場合、些細なバグが付随していることが多くあります。バグを探すためにソースコードを見ていると、間違いを見つけたような気がしてきます。

識別方法

　実績が十分にあり良好に動作しています。些細なバグ以外に大きな問題はなく、設

Chapter **7** 修正が難しい各種のバグ

計変更などは求められていません。それにもかかわらず、大幅な書き換えが必要だと
感じられます。

インパクト

書き換えはたいていの場合、良好に動作していたプログラムを破壊してしまいます。

原因

錯覚が原因です。

例

```
using System;
using System.Linq;

class Program
{
    static void Main(string[] args)
    {
        int[] a = { 1, 0, -1 };
        var b = a.Average();
        Console.WriteLine(1 / b);
    }
}
```

期待された実行結果

例外を発生させずに何らかの値を表示して実行を終了する

プログラマーが恐れた実行結果

0除算例外（System.DivideByZeroException）

実際の実行結果

∞（例外は起きない）

230

7.4 シュレーディンバグ（Schroedinbugs）

このソースコードを見たプログラマーには、このソースコードには整数の配列と1という整数の数値しかないので、整数で割り算が実行されているように見えてしまいました。その結果、例外対策が不十分であり、0除算で止まる恐れがあると思い込んでしまいました。そして、問題が起こる前にすぐに直さなければと焦ることで、割り算が実際には double 型で行われることが見えなくなってしまいます。実際には、Average メソッドは整数の配列に対して使用されたとしても戻り値は double 型であり、変数 b も double 型です。そして、1 / b は整数と double 型の割り算なので、double 型で計算され、割る数が0でも例外が起きずに無限大という状態になります。例外は起きません。

対処方法

定時に帰ってビールでも飲んでそのままぐっすり寝ます（彼が取るべきバグはもともと存在しない）。

再発防止策

動作実績が十分にあるプログラムには、大幅な書き換えを要する致命的なバグが残っている可能性は低いという認識をしっかり持ちましょう。

バグ対応実践編

最も効率良く仕事ができるのはどの選択肢でしょうか？

(1)根性で徹夜する
(2)おいしい夜食を職場のみんなで食べて終電で帰る
(3)定時に帰ってゆっくり休む
(4)猫を飼う
(5)ネットで壁紙にする萌え少女画像を集める

バグ対応実践編の正解

正しい答えは (3) です。

(1) はお勧めできません。普通なら1時間で取れるようなバグも、疲れてくると2時間、3時間とかかるようになるからです。こうなると効率が上がるとはいいがたくなります。さらに、疲れでありもしないバグが見えるようになるとしたら、作業量が多いだけで効率が良いとはとうていいえません。

(2) は一見悪くないように見えますが、終電で帰っていては睡眠時間が不足します。

(4) の場合、猫はしばしば仕事の邪魔をするので、効率が上がるとは限りません。

(5)の場合、ネット上に何十万枚あるかわからない画像を集めて整理分類するだけで軽く数週間はかかるわけで、効率が上がるとはいえません。やるならプライベートタイムに実行しましょう。

Column 「シュレーディンバグ」という名前の由来

おほん、バギー先生です。

「シュレーディンバグ」という言葉の由来について説明しましょう。

名前は丸暗記すればよいという人は読み飛ばしてもかまいませんよ。

さて、シュレーディンバグという言葉は「シュレーディンガーの猫」に由来します。

シュレーディンガーの猫とは、量子論の世界にある思考実験で、箱の中の猫が生きている状態と死んでいる状態が重なって存在し、箱を開けて中を見た時点で初めて生死が確定するというものです。つまり、シュレーディンガーの猫とは、量子論の不思議な振る舞いを説明するための猫です。

これは、これまで動作していたはずのコードの妥当性がわからなくなってくる曖昧な心理状態を示すために選ばれた言葉でしょう。

7.5 アリストテレス (*Aristotle*)

 先生、たいへんです。

 どうしましたか？ デバッグ・スター君。

 double 型の動作がバグっています。これはあらゆる C# のアプリに影響する重大問題です。早くなんとかしないと被害が広がっていきます。ああ、どうしよう。これがレポートです。

 デバッグ・スター君、このレポートの**どこにバグがある**というのですか？

 えっ？

アリストテレスとは何か？

　操作を間違っていることに操作者本人が気づいておらず、バグと誤認することです。つまり、厳密にいうとバグではありません。バグと思えてしまうものです。

症状
間違った値を入力していますが、その当人は正しい値を入力したと思っています。

識別方法
どこをどう探してもバグが見つかりません。

インパクト
時間を無駄にしてしまいます。

　もともと存在しないバグを解消しようとしてソースコードを修正すると、プログラムの動作がよりおかしくなります。

Chapter **7** 修正が難しい各種のバグ

原因

入力を間違っている自分に気付いていません。

例

```csharp
using System;

class Program
{
    static void Main(string[] args)
    {
        string[] names = { "Jan", "Feb", "Mar", "Apr", "May", "Jun", "Jul",
                                    ➡"Aug", "Sep", "Oct", "Nov", "Dec" };
        int month;
        string s = Console.ReadLine();
        if (int.TryParse(s, out month) && month >= 1 && month <= 12)
        {
            Console.WriteLine(names[month-1]);
        }
    }
}
```

2＋ Enter を入力したときに本来期待された結果（2月はFebだから）

Feb

2＋ Enter を入力したときに彼が期待した結果（添え字の2はMarに対応するから）

Mar

2＋ Enter を入力したときの実際の結果

Feb

対処方法

仕様は自分の頭の中からではなく仕様書から得ます。

7.5 アリストテレス(*Aristotle*)

再発防止策

動作実績があり、誰からもバグレポートが上がってきていない状況でバグを発見したら、**それは本当にバグなのか**、立ち止まって調べます。

バグ対応実践編

2つの値の平均値を計算するプログラムを作成しましたが、意図したとおりの結果になりません。

```
using System;

class Program
{
    static void Main(string[] args)
    {
        var s1 = Console.ReadLine();
        var s2 = Console.ReadLine();
        double v1, v2;
        if (double.TryParse(s1, out v1) && double.TryParse(s2, out v2))
        {
            Console.WriteLine((v1 + v2) / 2.0);
        }
    }
}
```

1 + [Enter] + 50 + [Enter] で期待した結果

25

1 + [Enter] + 50 + [Enter] での実際の結果

25.5

誤差が出ています。これは絶対に C# の **double** 型のバグです。**int** なら問題ありません。以下のように書き直すと意図どおりの **25** という結果になります。

```
using System;
```

235

Chapter **7** 修正が難しい各種のバグ

```csharp
class Program
{
    static void Main(string[] args)
    {
        var s1 = Console.ReadLine();
        var s2 = Console.ReadLine();
        int v1, v2;
        if (int.TryParse(s1, out v1) && int.TryParse(s2, out v2))
        {
            Console.WriteLine((v1 + v2) / 2);
        }
    }
}
```

　きわめて影響範囲が広い致命的なバグなので、マイクロソフトにレポートすべきです。

　……以上の主張は正しいでしょうか？　間違っているとしたらどこが間違いでしょうか？

バグ対応実践編の正解

　結論は間違いです。

　間違っているのは期待した結果です。

　0 と 50 の平均値なら彼が期待したとおり 25 になりますが、1 と 50 では 25 にならず、25.5 になります。

　int なら正しいと彼が錯覚したのは、小数点以下が切り捨てられるため 25.5 は 25 として表示されるからでした。

　あくまで目的が**1 と 50 の平均値を計算するプログラム**とすれば、結果は 25.5 で何の問題もありません。つまり、バグはないのです。

Column 「アリストテレス」という名前の由来

　おほん、バギー先生です。

　「アリストテレス」という言葉の由来について説明しましょう。

　名前は丸暗記すればよいという人は読み飛ばしてもかまいませんよ。

　さて、「アリストテレス」という名前は古代ギリシャの哲学者アリストテレスに由来します。

7.5 アリストテレス(*Aristotle*)

なぜアリストテレスの名前が付いているのでしょうか?

それは、アリストテレスの思想は、後世になってさまざまな矛盾が指摘されるようになるまでは多くの人に正しいと信じられていたためです。

本当に正しいことは、正しいと信じられていることではないのです。

たとえばTwitter検索はより本音がわかるから良いという人がいます。

しかし、Twitter検索でわかるのは個々人の**呟き**であり、**事実**ではありません。結果として、多数派が語っているのは**自分が正しいと思うこと**でしかありません。デマを信じているとき、彼らは正しいと思ってデマを拡散させていることになります。

このアリストテレスという問題はそれと同じことです。

バグがあると信じて修正すればするほど正常動作から遠ざかり、別のバグを誘発します。

しかし、ここではアリストテレスとは別の言葉を覚えておくとよいでしょう。

それは「**GIGO**」です。

この言葉は"Garbage in, garbage out"(ゴミを入力すればゴミが出てくる)の略です。

コンピュータの世界には、FIFO(*First In, First Out* =最初に入れたものを最初に出す)やLIFO(*Last In, First Out* =最後に入れたものを最初に出す)という言葉がありますが、それに似たものです。

ゴミを入れてもゴミしか出てきません。当然ですね。

たとえば、入力チェックが甘いアプリは、0月や13月を入力できるかもしれませんが、入力したとしても意味のある結果は得られません。

ですが、ここで注意が必要です。厳密にいうとGIGOはバグではありません。あくまで誤用です。ここでGIGOやアリストテレスを説明しているのは、多くの場合バグと誤認されるからです。

Chapter **7** 修正が難しい各種のバグ

7.6 月相バグ（Phase of the Moon Bugs）

たいへんです。信じられないバグが出ました。
デバッグ・スター君。落ち着いて落ち着いて。
DEBDEB がポテチを買ってきた日に限ってプログラムが 0 除算例外で落ちるんです！
本当ですか？
0 除算例外はあくまで計算で起こりますから、ハード的な影響はありません。絶対にソフトの問題です。これは故障ではなくバグです。
しかし、君の妹がポテチを買った事実とプログラムの動作が関係するなどありえません。

月相バグとは何か？

人知を超えた何かが原因としか思えないバグです。まったく予想外の何かがプログラムの動作に影響を与えている場合があり、それを明確に出来なかった場合はまさに迷宮入りで終わります。

症状
人間が通常、認識できる範囲を超えたところで何かが起きています。

識別方法
思い付く限りの方法を試してもいっさい原因がわかりません。

インパクト
オカルトや根拠のない経験則の世界に足を踏み入れがちですが、それによって問題は解決しません。

238

7.6 月相バグ(Phase of the Moon Bugs)

原因

たった1種類の原因は存在しません。ただ、容易に原因を調べることができないことだけが共通しています。

例

デバッグ・スター君と DEBDEB は協議して生活費のピンチ係数というものを決定しました。これは 100000 を所持金で割った値で、値が大きくなればなるほど所持金がピンチであることを示します。旅の途中で金が尽きたら親に泣きつかなければなりません。以下のようなプログラムでピンチ係数を計算するものとしました。

```
using System;

class Program
{
    static void Main(string[] args)
    {
        Console.WriteLine("所持金を入力してください");
        var s = Console.ReadLine();
        int n;
        if (int.TryParse(s, out n))
        {
            Console.WriteLine("ピンチ係数 {0}", 100000 / n);
        }
    }
}
```

さて、デバッグ・スター君は所持金を計画的に使うことにしたので、所持金を0にしたことはありません。

DEBDEB は倹約するという発想を持っていないので、必ずお菓子を所持金が0になるまで買い込みます。

つまり、このプログラムはデバッグ・スター君が使ったときには絶対に0除算例外を発生させませんが、DEBDEB が使うと0除算例外を発生させます。

仮に、**入力している金額に問題の原因がある**と気付いた場合、これはただのバグとなって**月相バグ**とはなりません。しかし、所持金が0になるまで買い物などするわけがない（今夜の夕食の分の資金ぐらいは残すもの）と思い込んでいると原因がさっぱりわからず**月相バグ**になる可能性があります。

Chapter **7** 修正が難しい各種のバグ

対処方法

　システムや現象が複雑すぎて理解できないバグはすべて対象となるので、特定の対処方法は存在しません。

再発防止策

　できれば、システムはシンプルに設計しておきましょう。しかし、それで必ず回避できるものでもありません。実行環境やコンパイラの複雑さが絡むと、どれほど自作プログラムがシンプルでも問題に巻き込まれます。

バグ対応実践編

　バグ退散のお札は存在するのでしょうか？
　仮に存在するとして、どこで入手できるのでしょうか？
　仮に存在しないとして、類似のお札はあるのでしょうか？
　それらに効能はあるのでしょうか？

バグ対応実践編の正解

　筆者が知る限り、雑紙の付録として付いたことがありますが、一般的に入手できるものではなく、また神社が正式に販売したものでもありません。ただのシールです。
　類似のお札としては神田明神が「IT情報安全守護」というものを有償配布しています。
　では、これに効能があるのかといえば、効能はありません。ただし、お札を持つことで心理的なパニックが収まり、問題への対処能力が上がって問題を解決できることはありえます。
　自分のパニックを収めるためにお札をあえて入手することは「あり」でしょう。

Column 「月相バグ」という名前の由来

　おほん、バギー先生です。
　「月相バグ」という言葉の由来について説明しましょう。
　名前は丸暗記すればよいという人は読み飛ばしてもかまいませんよ。
　さて、月相バグという言葉は狼男が月相によって変身する（満月のときに変身する）ことに由来します。つまり、合理的な根拠がなく、オカルティックに問題が発生しているように見えるバグ全般が月相バグと呼ばれるのです。
　かつてWindows 95が発売されたとき、周辺機器は差せば動くというPlug & Play

7.6 月相バグ（*Phase of the Moon Bugs*）

が目玉でしたが、実際にはうまく機能しないことも多く、Plug & Pray（差して祈る）と呼ばれたことも類似の問題でしょう。当然、祈れば動くというものではありません。因果関係がわかりにくい複雑なシステムゆえに、対処方法がなく、祈ることとしかできなかったのが実情でしょう。

　結局のところ、システム開発とは、月相バグの発生を極力回避するためにシンプルかつコンパクトにシステムを開発しようとする設計者と、後出し的に仕様を継ぎ足してできるだけ大きく複雑なシステムを得ようとする周辺の人間の戦いだといえます。

　本来は三日月ぐらいの細身だったはずのシステムが、もはや後戻りできない段階になって発生した要求変更で肥え太り、満月のようになったとき、月相バグという名の狼男が活動を開始します。

　それまで世のため人のために尽くす善良なシステムの顔をしていたプログラムが、突如狼男に変身して人を襲います。予算と期間が超過して管理職を苦しめ、残業が増えて現場の人間を苦しめます。そして、**Frederick Phillips Brooks Jr. 著、滝沢徹 / 牧野祐子 / 富澤昇翻訳『人月の神話』（丸善出版）** で述べられているとおり、人を襲う狼男を退治するための銀の弾丸は存在しません。ときどき、苦境に立ち至ったプロジェクトを救済するために**銀の弾丸**を持っていると主張する誰かがやって来ますが、表面的に改善したかのように見せかけてシステム全体をさらに混沌に落とし込んで帰って行きます。

　特に危ないのは 2038 年 1 月 19 日 3 時 14 分 7 秒（UTC 表記）です。このとき、1970 年 1 月 1 日 0 時 0 分 0 秒からの経過秒数（UNIX 時間）で時間を管理しているシステムのうち、古い世代に属するものは `time_t` 型の値にオーバーフローが発生します。その結果、突然システムの時刻が過去に戻ってしまい、ソフトを誤動作させてしまう可能性があります。

　古いソフトの更新は西暦 2000 年にも必要とされ、そのとき社会は大きく混乱しました。利用者への影響は小さかったものの、西暦 2000 年に間に合わせるために技術者は奔走を余儀なくされたのです。しかし、その記憶も薄れた 2038 年になると、どうなるかわかりません。ノウハウが残っているかどうかもわかりません。そして悪いことに、2000 年問題で問題を起こすシステムは「年を 2 桁で表現していたシステム（1999 年から 2000 年に行かず 1900 年という過去に戻ってしまう）」だとすぐにわかりましたが、2038 年問題にはそれほどわかりやすい指標はありません。直感的に原因も解決方法も想像ができないとすれば、それは月相バグになる可能性があります。

　現実の問題として、C# プログラマーの皆さんがこの 2038 年問題に直面する可能性は低いといえます。UNIX 時間はあくまで UNIX とそれに似た OS でのみ使用されるもので、C# が使用する `DateTime` 型や `DateTimeOffset` 型に 2038 年でオーバーフローするような仕様は最初から含まれていないのです。たとえ、古いプログラムであっ

241

ても C# で書かれていればオーバーフローはしません。しかし、現在はネットワーク社会です。ネットワークで接続された他のシステムがどうなっているのかまではわかりません。そういう意味で、どこかのレガシーなシステムが問題を引き起こして、手元の C# プログラムが止まってしまう可能性はありえます。

Chapter 8
デバッグ後のバージョンの提供方法

The Way to Be a DEBUG Star

Chapter 8 デバッグ後のバージョンの提供方法

8.1 アップデートという問題

兄貴がデートに興味を持つとは珍しいのだ。
アップデートだ。

バグは修正して終わりではありません。
修正結果を利用者にフィードバックしなければならないのです。
そのために、どのようにして利用者がインストール済みのアプリを更新するのかという問題が発生します。
それを細かく分けると、以下のようになります。

- 通知方法
- 送付方法
- 更新方法
- ロールバック

初期には、通知は存在せず、送付方法も事実上ありませんでした。
たとえば、筆者が持っていた1978年のPC-8001というパソコンに装備されていたN-BASICという開発言語（Visual Basicの遠い祖先の1つ）はバージョン1.0でした。これのバグを取った1.1というバージョンがしばらくして登場しましたが、これはマスクROMという読み出し専用のメモリに記録されていたため、1.1のROMを入手して交換する以外にありませんでした。そもそもそれ以前に、1.1が出ましたという通知もありませんでしたし、交換用のROMは有償で買う必要がありました。

アプリケーションプログラムに関しては、パソコン雑誌に掲載されるものが大部分でした。バグの訂正があると同じ雑誌の数カ月後の号に正誤表が載る程度でしたが、載らないことも少なくありませんでした。

個別のアプリにお金を払って買うというスタイルが確立すると、アップデートが発生した際に、アップデート版を記録した新しいメディアを送ってくる良心的なソフト

ハウスも出現しましたが、送ってこないソフトハウスもありました。当時のアプリの値段がいずれもいまより高いのは、売れる本数やアプリに対する貨幣価値のほかに、アップデートの郵送などに要するサポート費用が高めだったこともあるでしょう。

　この状況はネットワークの出現で一変します。いちいち郵送する必要がなくなったのです。通知と送付のコストが劇的に下がりました。しかし、初期のネットワークはきわめて遅く、いかにして転送量を減らすのかが重要でした。そのため、この時代にはPKZIPやLHAといった圧縮ソフトが普及し、BUPDATEなどのバイナリ差分を配布するソフトも使用されました。

　しかし、この状況はネットワークの普及で一変します。単なるバグを取るためのアップデートは、そのバグに関係のない利用者ならスキップしても問題はありません。しかし、セキュリティホールが問題になるとそうもいっていられなくなりました。セキュリティホールが存在するシステムは利用者の意向に関係なく、破壊されたり乗っ取られたりするのです。つまり、その利用者がどのような立場で何をしているのかに関係なく、アップデートが実行される必要が出てきたのです。

　つまり、「オレはアプリのアップデートなどに興味はない」という利用者であってもアップデートが必要とされたのです。彼のパソコンが乗っ取られれば、他の誰かを傷付けるために使用される可能性があるのです。

　そのため、バージョンアップの自動化が進むことになりました。

8.2 自動バージョンアップ

 兄貴。いつものポテチが新パッケージにバージョンアップしたのだ。
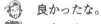 良かったな。
 でも、トランクに詰めた買い置きのポテチは新パッケージに自動バージョンアップしないのだ。
 するか！

　たとえば、使用している Web ブラウザのバージョン番号を正確に即答できる人がどれぐらいいるでしょうか？
　筆者はできません。
　実際に執筆中のバージョンをチェックしてみました。

```
Internet Explore    11.306.10586.0（更新バージョン 11.0.31）
Microsoft Edge      25.10586.0.0（Microsoft EdgeHTML 13.10586）
Google Chrome       51.0.2704.63 m
Firefox             46.0.1
```

　しかし、これはあくまで執筆中のある瞬間のバージョンにすぎません。どんどん変化していくでしょう。
　自動バージョンアップされるからです。
　Windows 10 のアップデート強制が社会問題化しましたが、インパクトの大きい OS のメジャーバージョンアップが勝手に行われては困るという考えにも一理あります。しかし、Web ブラウザでも同じように勝手なメジャーバージョンアップはプラグインなどの問題を引き起こすことが多いのに、それでも勝手にどんどんメジャーバージョンアップされます。筆者は、IE の 11 は知っていましたが、Chrome がいつの間にかメジャーバージョンが 51 になっているとか Firefox が 46 になっているとか、そこまでは知りませんでした。メジャーバージョンは頻繁に上がり、しかもそれが必

ずしも通知されないからです。

他の事例も紹介しましょう。

Windows ストアからダウンロードされたアプリは、環境にもよりますが、サイレントに自動バージョンアップされます。つまり、アプリを使おうとするといつの間にかバージョンが上がっていたという事態が起きるのです。

誰も意識していないかもしれませんが、Web サイトも自動バージョンアップされているといえます。サーバー側でコンテンツを更新すると、全員がそれを使うことになるからです。

8.3 任意と半強制と強制バージョンアップ

 身体が勝手にポテチを買うのだ。
 自分で決められるように意志を強く持て。
 やったよ兄貴。ちゃんと自分の意志でどのポテチを買うか決められるようになったよ。
 結局買うのか。

　自動バージョンアップは、利用者とのかかわりで大きく分けると以下の3種類に分けられます。どの形態も数多く存在し、どれが多数派ともいいがたい状態です。

● **任意バージョンアップ**
　バージョンアップするか利用者が明示的に選択できるものです。たとえば、初期のWindows Updateはバージョンアップ前にいちいちアップデートを行うか質問していました。

● **半強制バージョンアップ**
　一般の利用者はバージョンアップする方向に誘導されるが、知識さえあればバージョンアップを回避できるものです。アップデートのアンインストール可能なケースや、バージョンダウン可能なケースも含みます。現在のWindows Updateなどです。

● **強制バージョンアップ**
　バージョンアップを回避する方法が存在しないものです。Webアプリなどがそうです。

　この3バリエーションのどれが多数派かということはもちろんですが、どれが最も優れているともいえません。というのは、用途によってどの方式が優れているか

違うからです。たとえば、非互換性を発生させる可能性がわずかに残りますが、利用者の安全を考えるとアップデートが望ましいなら**半強制バージョンアップ**が適切となります。

ただしこれには例外もあって、Web アプリと強制バージョンアップの関係は Web というアーキテクチャが強制するもので、回避することも変更することもできません。

ClickOnce という技術

自動アップデートをするなら、Universal Windows アプリとして開発して Windows ストアにアプリを送るのが最も手っ取り早いやり方です。

しかし、それが可能となるのは新規開発か、比較的新しい世代のストアアプリを修正する場合だけでしょう。

もっとレガシーな技術で作られ、ストアを経由しないアプリの場合はどうなのでしょうか？　アップデートインストールに対応する従来型インストーラーを使うべきなのでしょうか？

実は、その場合に使用できる **ClickOnce** という便利な技術が Windows にはあるのです。

ClickOnce はめったに話題にならないのですが、実は驚くほど根強く支持されています。

では、ClickOnce とは何でしょうか？

以下のような特徴がある技術です。

- **WinForm などの従来型アプリをクリック一発でインストール実行可能にする**
- **フォルダパスの入力などの手間はいらない**
- **スタートメニューにショートカットを自動登録する（指定の手間がいらない）**
- **アンインストールは他のアプリと同じ**
- **バージョンダウンできる**

実際に ClickOnce に対応させた例を見てみましょう。

Visual Studio からプロジェクトの発行を選ぶとウィザードが開始されます。

まず発行先を選びます。ファイル上に生成してから FTP などでサーバーに転送するつもりなので、とりあえず、ここではファイルシステムの特定パスを指定しておきます（⬇ 図 8.1）。

図 8.1：プロジェクトの発行を選ぶ

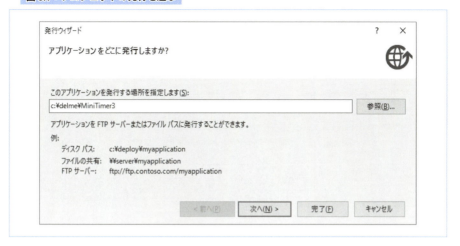

次に、ユーザーがインストールする先を指定します。Web サイトからインストールさせたいのでそこを指定しておきます（→ 図 8.2）。もちろん、そこに生成ファイルを転送しておかなければなりません。

図 8.2：ユーザーのインストール先を選ぶ

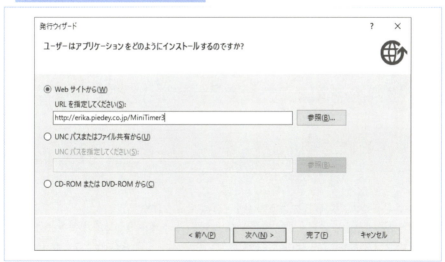

次に、オフラインでも利用できるのかを選びます（→ 次ページ図 8.3）。

Chapter 8 デバッグ後のバージョンの提供方法

図 8.3：オフラインでの利用の可 / 不可の指定

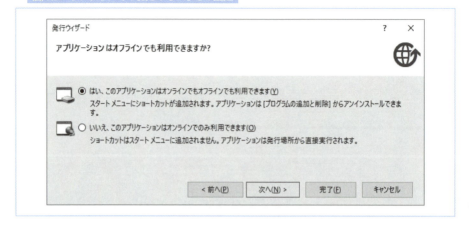

以上で確認が出ます（→ 図 8.4）。

図 8.4：確認が求められる

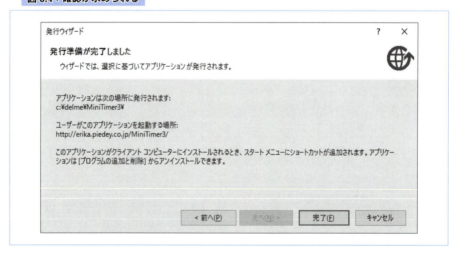

これで完了です。図 8.5 のようなファイルが生成されます。

図 8.5 の setup.exe がセットアップするためのインストーラー本体のファイルです。

以上のファイルを Web サーバーに転送すると次ページ図 8.6 のような表示を見ることができます。

8.3 任意と半強制と強制バージョンアップ

図 8.5：生成されたファイル

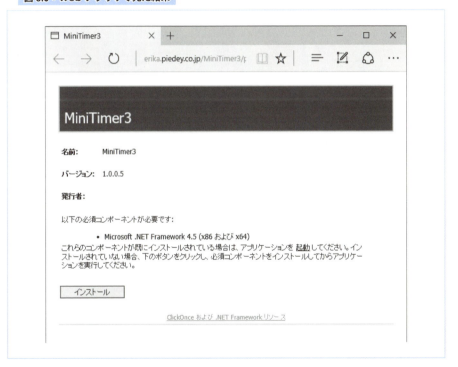

図 8.6：Web ブラウザで見た結果

　ここで［インストール］ボタンを押すとローカルマシンにインストールされ、他のアプリと同じようにスタートメニューから実行可能になります。

　これで終わりです。

　ほかには証明書を作成してプロジェクトのプロパティから指定しておく程度の手間しかかかりません。非常に短い時間で利用できます。それにもかかわらず自動アップデートが可能となります。便利な技術です。

　これで新バージョンがあれば自動的に検出してインストールしてくれますが、その

Chapter 8 デバッグ後のバージョンの提供方法

後で元のバージョンにロールバックすることも可能です。

バージョンダウンするには、コントロールパネルからそのアプリの**アンインストールと変更**を選び、復元を選択しましょう（→図 8.7）。

図 8.7：復元を選ぶとバージョンダウンできる

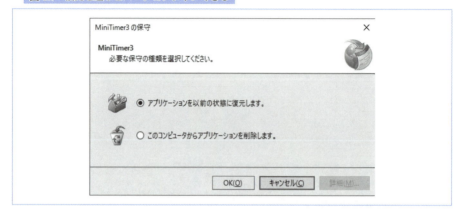

すると、復元した旨の説明が出てきてロールバックが終わります（→図 8.8）。

図 8.8：復元完了の通知

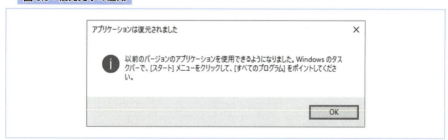

Web アプリとの決定的な違いは、このロールバック可能という機能にあります。誰もがうまく動いていても**僕の PC でのみ正常に動かない**場合は、自分だけロールバックして利用を継続することができます。

254

8.4 自動バージョンアップが拒否される問題

- あたしは旧パッケージのポテチの味のほうが好きなのだ。
- じゃあ新パッケージを拒否して旧パッケージ買えよ。
- 新パッケージは拒否できるけど、旧パッケージはもうスーパーにないのだ。悔しいから自棄ポテチなのだ。
- 結局食うのかよ。

　自動バージョンアップはしばしば問題を発生させて、利用者から非難を浴びます。セキュリティホールを塞ぐためのアップデートはセキュリティホールが悪用される前に適用しなければなりません。そのため、迅速さが重要なので、どうしても品質が甘くなるからです。そのため、システムに致命的な問題を発生させるアップデートが行われてしまう場合があります。

　そのようなアップデートに遭遇すると、自動アップデート不信というものが発生し、品質がわかっていないアップデートは適用したくないという心理も生まれます。

　しかし、それが悪用可能なセキュリティホールの温存につながるならば、けして好ましいことではありません。

　好ましいことではありませんが、アップデートで仕事が止まるのも好ましいことではありません。

　解けない問題です。

　もしかしたら、なまじアップデートの詳細を見せるからダメなのであって、サイレントにいきなりアップデートを実行してしまうほうが良いのかもしれません。

8.5 自動バージョンアップのタイミング

> 兄貴、大発見なのだ。深夜の業務スーパーに行くとポテチを安く箱買いできるのだ。
>
> おまえは寝てる時間だろ。
>
> 自動だから寝ていても平気なのだ。じゃ、兄貴、買っておいて。

　自動バージョンアップを実行するタイミングはいつが良いのでしょうか？　以下で検討してみましょう。

●ソフト起動時

　ClickOnce などがこれに当たります。迅速に終了すればそれほど迷惑な感じはないのですが、本格的なアップデートツールが起動して大量のファイルのダウンロードを始めて長時間待たされるとなると、利用者は不快かもしれません。いますぐ使い始めたいのに、待ち時間が発生してしまうのです。やってもよいが、手間と時間をかけてはならないやり方です。

●アップデート発見時

　アップデートチェックツールが常駐して定期的にアップデートを確認し、もしアップデートがあれば開始します。2～3の質問をする程度で、利用者は仕事を続けることができるのならば、それほど悪い選択ではありません。筆者の PC でいうと、NVIDIA のビデオカードのドライバがこの方式でアップデートされますが、一瞬画面が黒くなる程度で仕事は止まりません。これはこれで「あり」でしょう。

　ただし、これは再起動を要求されないから大きな不満に直結していないだけです。ソフトによっては、再起動を要求するアップデートも存在します。その場合は、進行中の作業が中断されてしまうので苦痛を感じる利用者もいるでしょう。

　これは、やってもよいが、できるだけ利用者の負担を求めないようにアップデート

を進めるのが望ましいやり方です。再起動など、利用者に大きな負担を強いる処理は行わないことが望ましいのです。

●ソフト終了時

Windows Update などがこれに当たります。しばしば、シャットダウンがいつまでも終わらないといわれる場合がありますが、その時間にアップデートを当てているのです。さあ、これから使うぞというタイミングではなく、使い終わった後であることが多く、利用者に迷惑をかけにくいやり方といえます。

●深夜

利用者が寝ている時間にバージョンアップを実行してしまうのも悪い選択ではありません。サーバーなどでは深夜にアップデートをスケジュールして実施する場合があります。

しかし、利用者が見ていない場所で実行すると問題発生時の対処が遅れる可能性もあります。

これらのタイミングの中で最も良くないのは、「さあこれから使うぞ」と思って起動した瞬間に長々とアップデートを開始するものです。人気ソフトの某がそうです。それと比較して、シャットダウン時にアップデートする Windows Update がいかによく考えられているかわかります。

もう1つ良くないのが、予期しないタイミングでアップデートが割り込んだうえで最後に OS の再起動要求を出すタイプです。OS の再起動となれば有無をいわさず作業を止められます。作業内容を保存するには、作業が一段落するまで再起動ボタンを押さずに作業を続けるしかありませんが、気のせいか再起動要求が出ているシステムは動作が不安定になるようで、あまり極端な先延ばしはしたくありません。

気にはなりますが影響が軽微なのが Visual Studio の各種アップデートです。「さあ始めるぞ」と思って起動するとアップデートがあるサインが出ている場合があります。つい作業の前にアップデートを始めたくなりますが、すぐに終わるとは限りません。これはすぐアップデートを始める必要などまったくありません。やりたい作業をこなした後でアップデートすれば問題はほとんどありません。

8.6 バージョンダウンの重要性

　ポテチにもバージョンダウン権がほしいのだ。
　旧製品の味が恋しいのか？
　味はどうでもいいけど、量が多いのだ。
　太るぞ。

　筆者は、Visual Studio に含まれる nuget は、Visual Studio 史上最悪の発明だと思っています。いまでも問題をはらんでいますが初期バージョンはもっとひどいものでした。なぜなら、つねに最新バージョンの各種ライブラリをプロジェクトに取り込むように動作し、バージョンダウンするという操作ができなかったからです。
　では、そもそもバージョンダウンとは何でしょうか？　なぜバージョンダウンをするのでしょうか？
　各種ライブラリのアップデートは非互換変更を含んでいる場合があります。バージョンの依存関係で最新バージョンを利用できないこともあります。それにもかかわらず無理やりすべて最新版に揃えようとすると、ビルドが失敗したり、正常に動作しないことがあります。そのため、あえて参照先のライブラリをアップデートしないという選択肢を採る場合があるのです。
　アプリも同じことで、あえて古いバージョンを使用することがあります。最新版では除去されてしまった機能を使う場合や、使い勝手や機能性の問題で最新版の利用が不適切な場合です。そもそも最新版は動かないという場合もあります。最新版はバグが多いという場合もあります。
　つまり、バージョンアップがつねに改善と直結していない以上、**バージョンダウンも必須の機能**になっているといえます。バージョンダウンの自由を認めないバージョンアップシステムは欠陥があるといってよいでしょう。

バージョンダウンができない Web アプリの問題

　そうすると、Web アプリの問題の根は深いといわざるをえません。
　レガシーなアプリはローカルにインストールするので、アップデートを拒否すると永遠に同じバージョンを使い続けることができます。ClickOnce ならロールバックもできます。しかし、Web アプリで同じことはできません。一般利用者がサーバー側にインストールされている **Web アプリのバージョンをコントロールすることはできない**のです。
　仮に最新版が問題を起こすとわかって 1 つ前のバージョンに戻りたいと思っても、戻る手段がありません。レガシーなローカルアプリならインストーラーを持っていればどのバージョンにも戻れますが、Web アプリでは無理です。
　これがバラ色の機能と可能性ばかりが喧伝される Web アプリの隠された負の側面です。
　Web アプリは、正常に動いているうちは確かにすばらしいのかもしれません。しかし、一度問題を起こすとひたすら解決不能のスパイラルに陥っていく問題も抱えています。
　ですから、世の中には、Web アプリはすばらしいと思い込んで使っている人と、あまりすばらしくなかったので従来型の Office などのアプリを使い続ける人がいて、世界は混沌とし続けています。「G○○gle Docs みたいなゴミを何でいつまでも使っているの？」、「Micr○s○ft ○ffice みたいな時代遅れのソフトを何でいつまでも使っているの？」といった対立はいつまでも消えません。
　なかなか難しい問題です。

Chapter 8 デバッグ後のバージョンの提供方法

8.7 バグ取りが非互換性を生む問題

兄貴、ダイエットに成功したのだ。体重が落ちたのだ。
ポテチの袋を脇に置いただけだろう。

サンプルの便宜上同じソースコード上に書いてしまいましたが、本来ならAPIとして別のモジュールに出席番号に対応する名前を返すという機能があるとしましょう。
以下のソースコードはそれを記述したものですが、このソースコードにバグはあるでしょうか？

```
using System;

public class API
{
    /// <summary>
    /// 出席番号に対応する名前を返す
    /// </summary>
    /// <param name="number">出席番号</param>
    /// <returns>名前。対象者がいない場合はnull</returns>
    public static string GetName(int number)
    {
        if (number == 1) return "taro";
        if (number == 2) return "hanako";
        // saburoは転校済みで対象外
        // if (number == 3) return "saburo";
        if (number == 4) return "siro";
        return string.Empty;
    }
}
```

8.7 バグ取りが非互換性を生む問題

```
class Program
{
    static void Main(string[] args)
    {
        for (int i = 1; i < 5; i++)
        {
            Console.WriteLine(API.GetName(i).Trim());
        }
    }
}
```

実行結果

```
taro
hanako

siro
```

　このソースコードに存在する死角は、**対象者がいない場合は null** とコメント
に明示された戻り値なのに、対象者がいない場合は空文字列を返してしまうことです。
　バグレポートを受け取った API の開発者は、確かに戻り値がドキュメントと食い
違っていることを確認して修正するかもしれません。それが正しい仕様だからです。

GetName のみ抜粋

```
    public static string GetName(int number)
    {
        （中略）
        return null;
    }
```

　しかし、この修正を行うと例外で動かなくなります。
　幅広く使用された API で、すべてのアプリに修正を求めることは難しいことです。
結局、バグは直せません。温存させるしかありません。
　つまり、バグであっても依存性が発生した場合は**バグも仕様のうち**なのです。
世の中には直してはならないバグというものもあります。
　ちなみに筆者は、API 名に Trash と間違えて Trush と書いてしまったことがあり

261

ます。しかし、これも直せませんでした。API名が変わると即座にダイナミックリンクで問題が出る可能性があるからです。

　同じような問題は、外部に入出力されるキー名は変更できない問題も発生させます。

　たとえばファイルに情報を保存する際のキー名は、間違っていても変更できません。古いデータを読み込むときに名前が違っていると困るからです。

　このような問題に対処するために属性を使用したコードを書いたことがあります。たとえば、1つの情報を以下のように記述しました。

```
// 海で泳ぐ
[FlagName("海で泳ぐCount")]
public static int 海で泳ぐCount;
```

　仮に**湖や川で泳いだ場合もカウントするのだから海に限定した名前は不適切**となったら、変数名はいくらでも変更が許されます。**海などで泳ぐCount**に直してよいし、**海または川または湖で泳ぐCount**に直してもかまいません。しかし、FlagName属性は直してはいけません。この属性の名前が変更されない限り、セーブデータの互換性が維持されるからです。ファイルに入出力する際はFlagName属性の値を使用して読み書きします。

8.8 セキュリティホールが非互換性を生む問題

- 兄貴。大事件なのだ。バギーちゃんに自動停止装置が付いたので、赤信号を強引に突破してポテチを買いに行けなくなったのだ。
- DEBDEB、赤信号なら自動停止装置がなくても止まれよ。

バグ取りが非互換性を生む問題はまだマシといえます。互換性を維持するためにバグは取らないという選択肢を採れるからです。

しかし、セキュリティホールが絡むと話が変わります。

互換性を破壊してでもセキュリティホールは塞がなければなりません。

なぜなら、セキュリティホールはしばしば他人に迷惑をかけるからです。いくら利用者本人が大丈夫だと思っていても、自分だけの問題に収まらないとすれば、主体的な判断は二の次となります。他人も同意しなければ主張は通りません。

その結果、幅広く、かなり多くのアプリにプログラムの修正が要求される場合があります。

問題はそれだけに収まりません。

互換性を維持するために無理に代替手段を提供しようとすると、その代替手段が問題を起こす場合もあるからです。

たとえば Windows の Program Files フォルダ以下のフォルダには当初書き込みが可能でしたが、現在は通常のプログラムの権限では許されていません。しかし、このフォルダは仮想化されていて、書き込みを行おうとすると別の専用フォルダにリダイレクトされる場合があります。しかし、リダイレクトされたらそれで済む問題でもなく、同じフォルダに存在していたはずのファイルの一部が他のフォルダに書き込まれてしまうと問題が出ることもあります。

ちなみに、この場合は書き込みの仮想化機能は使用せず、そもそも Program Files フォルダ以下のフォルダには書き込もうとしないのが最も正しい対処でしょう。

Chapter 9
バージョン管理

The Way to Be a DEBUG Star

9.1 バージョン管理システムとは何か？

　まず、思い出話を語りましょう。

　1980年代、パソコン文化とUNIX文化はまったく独立して、別個に存在していました。

　それぞれの世界にはそれぞれの開発ツール群が存在していましたが、UNIX文化のほうがずっとパワフルでした。その背景には、歴史の長さと使用するマシンのパワーの差があったのです。

　さて、あるとき、パソコンの1つであるPC-9801用の「UNIX」オプションの情報が届きました。これはすごいニュースだと思いました。パソコンでUNIXが動いたらそれは大きなインパクトになるからです。しかし、それはきわめて高価なオプションでとても容易に買えるものではありませんでした。指をくわえて見ているしかありませんでしたが、憧れはありました。

　では、何が憧れだったのでしょうか？

　UNIXワークステーションは32ビットでしたが、パソコンは8ビットや16ビットだから処理能力で劣っていたという話ではありません。基本的に同じCPUで動くオプション機器だから、ビット数は変わらないのです。

　そうではなく、綺羅星のごとく、名前しか聞いたことがない開発ツールがずらりと並んでいたことです。特に気になったのがSCCS（*Source Code Control System*）と呼ばれるツールでした。それはソースコードを世代管理するためのバージョン管理ソフトだったのです。しかし、買えない以上は絵に描いた餅でした。

　その後、マイクロソフトの社員となった筆者は、マイクロソフト社内で内製された専用バージョン管理ソフトに遭遇して、本格的な業務ではバージョン管理ソフトは必須だと悟りました。なにしろ、すべての修正履歴を残せれば、バグの調査の参考にもなるし、問題が発生する前の状態に戻して調査することもできるのです。

　そして、マイクロソフトを退社後、パソコンでもSCCSの後継ソフトのRCS（*Revision Control System*）が利用できるとわかって、それを使い始めました。しかし、

Chapter 9　バージョン管理

これは物足りませんでした。

　結果として、マイクロソフト製の Microsoft Delta というバージョン管理ソフトが発売されたことで、これに本格的に移行しました。しかし、このソフトは 1 バージョンしか発売されず、幻と消えました。

　Microsoft Delta の後継となったのが Visual SourceSafe というソフトでした。これはマイクロソフトの社外のサードパーティ製品でしたが、マイクロソフトブランドで販売されるようになったものです。しかし、これもすぐデータベースが壊れて修復を実行する必要があり、あまり便利とはいえませんでした。

　Visual SourceSafe の後継が TFS（*Team Foundation Server*）となり、さらに現在は git がマイクロソフトの主たるバージョン管理ソフトとなっています。筆者も最近まで TFS でしたが、最近 git に移行しました。

　さて、この話では何が重要なのでしょうか？

　それは、以下の点です。

- 筆者はいつの時代もソース管理を重視していた
- しかし、安易に乗り換えることはしていない。ソースコードは最大の財産だからだ

　では、このことはデバッグにはどう関係するのでしょうか？

　実は、以下の理由で手放せないのです。

- 過去の一時点までソースコードをロールバックできるので、いつからバグが混入したかわかる
- 差分をすべて記録しているので、いつ誰が何のために修正したコードがバグを発生させたのかがわかる

　たとえば、**警告表示が赤くない**というレポートに対して**文字を赤くするコードを挿入した**が、**色を戻すコードを忘れてそれ以降の文字がすべて赤くなっている**とわかったとしましょう。そうすると、悪いのは**赤に変更するコード**ではなく、**色を戻すコードの不在**にあります。そうすると自信を持って**赤に変更するコード**は無罪と判定することができます。それもこれも、修正差分がすべて揃っているから可能になることです。

9.2 排他ロックの問題

　バージョン管理ソフトには、排他ロックを行うタイプと行わないタイプが存在します。

　排他ロックを行うタイプは、修正中に他の誰かが修正を行うことはできません（SCCS、RCS、Visual SourceSafe、TFS など）。

　排他ロックを行わないタイプは、修正後にソースコードをマージすることになります（Subversion、git など）。

　一般的に、排他ロックを行うタイプよりも、行わないタイプのほうが高度で好まれる傾向にあります。

　しかし、後者はあくまで最後にマージを行うことが前提条件になります。しかし、実際にはマージできない致命的な衝突もありえます。

　たとえば、**ソースコードを最適化した結果、A 機能は不要になり取り除いた**という修正と、**A 機能に依存する新機能を作成した**という修正は同時に取り込むことはできません。

　そんなことはめったに起きないから意識してもしょうがないと思って利用してしまうのも手です。排他ロックを行うタイプはどのみち特定のファイルを 1 人しか編集できず、それはそれで不便なのです。

　筆者の場合は他人が協力してくれることがまずないので、たいていの場合、**ぼっちプログラミング**となります。他人がいても作業を行う期間に差があったり、自分以外は見るだけの人だったりします。その場合は、排他ロックの問題はとりあえず棚上げにできます。他人がロックしていて編集できないことも、矛盾するコードをマージする羽目になることもないからです。しかし、チームで開発していれば、これはめったにない特殊ケースだと思ったほうが良いでしょう。逆に、勉強や趣味のための個人開発の場合は、**ぼっちプログラミング**になる可能性が高いでしょう。わざわざ特定の個人の事情に合わせてくれるボランティアプログラマーなど、まずいないからです。

269

9.3 チェックイン対マージの問題

　排他ロックを行うタイプは、チェックアウトを行った時点で対象ファイルをロックし、修正を反映する（チェックインする）ときにロックを解除します。

　それに対して、排他ロックを行わないタイプは、ソースコードのコピーを作成し、修正後にマージを行います。

　このあたりの用語についてはソフトごとに違いもあるので、利用時には再確認したほうが良いでしょう。

　この差はいったいどこからくるのでしょうか？

　おそらく、かかわる人数が少ないときはどちらも大差ありません。

　むしろ、トラブルを未然に防ぐという意味で、排他ロックはあったほうが好まれる状況もあるでしょう。

　一方で、LinuxのようなOSS開発を想定すると別の光景が見えてきます。

　OSSの思想は誰でもソースコードにアクセスできる権利を求めます。

　そのため、誰にでもソースコードを引き出していじる権利を与えなければなりません。

　しかし、マージのハードルは高くなります。

　むしろ、実際の開発者たちは**どこの誰が書いたのかもわからないようなコードはマージしたくない**と思っていると考えたほうがよいでしょう。

　つまり、どこの誰だかわからない人間が大量にソースコードに群がっていたとしても、開発の障害になってはならないわけです。それがロックという概念のないソース管理と相性が良いのでしょう。ロックという概念がなければ、だれがどうソースコードを書きかえようとも、マージを制限するだけで無関係と見なすことができます。

　しかし、これはOSSでも人気ソフトの限られた問題であることに注意が必要です。

　ソースコードに群がってくる膨大な部外者は、ほとんどのソフトには存在しません。むしろ、手伝ってほしいと思っていてもボランティアはめったに現れるものではありませんし、現れても十分に信頼に足る可能性も低いでしょう。

現実には、**排他ロックはあってもなくても大差ない**と思ったほうが良いでしょう。まずは、自分にとって使いやすいソフトを選ぶと良いでしょう。

　Visual Studio を使うなら、あるいは C# を使うなら、マイクロソフト製の TFS が良いのではないでしょうか？　小規模なら Visual SourceSafe のほうが良いのではないかと思う人もいると思いますが、現在のマイクロソフトのスタンダートは git であり、他にも Visual Studio で便利に使うためのソフトが多く揃っています。特定のソフトにこだわる必要はありません。ただし、いまさら Visual SourceSafe を使うのはお勧めしません。あれはもうサポートが切れていて古すぎますし、よくデータベースが壊れるのです。MSDN のサブスクリプションダウンロードからサポート切れの古いソフトも容易にダウロードして使用できますし、ソース管理は簡単に移行できないのでいまだに使用している人がいるとしても、新規でこれから始める人が使うものではありません。

Chapter 9 バージョン管理

9.4 分岐の問題

　ソースコードは積極的に分岐させたほうが良いのでしょうか？
　それともなるべく分岐させないほうが良いのでしょうか？
　デバッグの便宜からいえば、**分岐はできるだけ少ないほうが良い**でしょう。なぜなら、分岐が多いと、どの枝分かれをビルドしたバイナリで発生したバグかを確認する手間が発生してしまうからです。
　また、開発の都合上一時的な分岐を作成することはあるかもしれませんが、分岐したソースコードが併存する時間が増えれば増えるほどマージは難しくなると思ってよいでしょう。
　それにもかかわらず、**分岐がリーズナブルなケース**は3つあります。

●2つのバージョンのメンテナンス

　たとえば、バージョン1とバージョン2に互換性がなく、どちらもメンテナンスを続ける必要があるとき、ソースコードを分岐させて双方を個別にメンテナンスすることには意味があります。

●実験

　このソースコードをこう書き換えるとうまくいくのではないか……と思ったときには、分岐させると大胆な書き換えが可能になります。この場合は、後からマージすることは想定しません。実験が成功したら、商品品質でメインのソースコードをあらためて書き直すのです。実験品質のソースコードはいずれにしてもそのまま使えるものではありません。たとえ同じコードでも、品質を担保する仕組みが同じではないのです。

●うるさい人を黙らせるため

　これは特に有名OSS開発で意味があるでしょう。開発プロジェクトの誰もが「彼には無理だ」と思ってもどうしても書きたいという要求を断れないとき、彼専用の分

岐を作成します。まとまった機能が完成した時点でソースコードをマージするといえばよいのです。実際にマージ機能があるのだから、彼も嫌とはいわないでしょう。しかし、彼が書こうとした機能は永遠に完成しないのでマージする日は来ません。うるさく意見を付けてくる粘着質のマニアは OSS 開発の邪魔者として存在するでしょうし、企業内の開発プロジェクトでも組織力学と本人の性格からそういう人が出てきてしまうことはあるでしょう。それへの対処方法に、もしかしたら使えるかもしれない機能です。

　これらのうち、デバッグに特に関係するのは、2番目の「実験」です。しばしばデバッグ中は**確信が持てない**状況に遭遇します。実際に書き換えて意図どおりにバグを取れるか確認したいときは、チェックアウトして書き換え、うまくいかなければチェックアウトをキャンセルしてロールバックしてしまえばよいのですが、書き換えが大規模になると、分岐を作って対処したほうが良いこともあるのです。

　3番目の方法も関係があります。やる気がありすぎるがスキルが足りない人はソースコードに触らせないほうが安全です。なぜなら安易な書き換えはバグの発生源になるからです。これはバグの発生を未然に防ぐ方法でもあります。

Chapter 9 バージョン管理

9.5 マージの問題

とある OSS のソフトをバージョンアップしたときのことです。

専用のインストーラーもあるし、実行しておけばそれで済むかと思って放置していたら、突然、「設定ファイルをマージしてください」とテキストエディタが立ち上がって驚いたことがあります。Windows なら自動的に処理するところです。

これは何を意味するのでしょうか？

それは、テキストファイルを無矛盾で適切にマージするのは難しいということです。Windows のレジストリはツリー構造のキーバリューストアなので、簡単に関係するデータと関係しないデータを切り分けられますが、単純なテキストファイルは簡単にマージできません。

この問題は C# と無関係ではありません。C# のソースコードも一種のテキストファイルだからです。2 つのテキストファイルをマージして、マージした結果が適切であり、動作するかどうかは神のみぞ知るです。

特に仕様に曖昧さを含んでいるとき、バグ取り結果の不整合が発生する場合があります。

たとえば、以下のような仕様があったとします。

- 警告メッセージは黄色とする
- エラーメッセージは赤とする

このとき、「設定ファイルが読み込めませんでした」はどちらになるのでしょうか？　仕様書に明示されていないときには、解釈に揺れが生じます。

- ファイルをオープンする API は正常終了せず例外を発生させているので、エラーに決まっている
- 設定ファイルが読み込めなくてもデフォルト設定で起動できるので、警告メッセージに決まっている

9.5 マージの問題

　もし、このような異なる考えを持った人がそれぞれ分岐 A と分岐 B で修正を行っていて、後でマージした場合、これは致命的な問題を引き起こします。あるメッセージの色を設定するならば、同時に黄色と赤は設定できないのです。黄色にするか赤にするか決めなければなりません。

　もちろん、分岐を作成しないとしても同じ問題が発生します。

　しかし、その場合はあくまでも人間間の解釈の対立で済みます。

　マージという手順で問題が発覚すると、マージが不可能という問題も同時に発生させてしまうのです。

　やはり、**マージの活用はお勧めできません**。マージは最小限にしておくほうが良いでしょう。マージを使う場合でも、分岐はできるだけ早めにマージしたほうが良いでしょう。また、大規模なマージを前提とした作業手順も作成しないほうが良いでしょう。

　ただし、机上のルールとしてマージの活用を謳っておきながら実際はマージしない**マージするする詐欺**はあってもかまいません。

Chapter 9 バージョン管理

9.6 ロールバックの活用

　排他ロックを行うバージョン管理ソフトの場合、ロックを解除する方法は2つあります。1つは修正結果をデータベースに返すチェックインです。もう1つは、**修正結果を破棄してロックだけを解除するロールバック**です。

　Visual Studio上で使用するTFSでは［保留中の変更を元に戻す］というメニュー名になっています。

　筆者はこの機能をよく使います。というのは、バグの直し方で試行錯誤をするからです。

　たとえば**たしかこんなメソッドがあったはずだから、それを呼び出す前提でこう書き換えよう**と思って書き直しを始めるのですが、実際は似て非なる別のメソッドしかなく、書き換え予定が破綻してしまったりするのです。そこで、途中まで書いた修正をロールバックして書き換え計画を練り直すわけです。

　この程度の**試行錯誤のためにいちいち分岐を作成する必要はありません**。

9.7 ソースコードリポジトリをどうするか？

　ソースコードリポジトリはバージョン管理ソフトがソースコードを保管する場所を意味します。バージョン管理ソフトはソースコードの変更履歴を持つため、ソースコードリポジトリにはすべてのファイルのソースコードと修正差分、そのほかが記録されることになります。
　問題はこのソースコードリポジトリをどこに置くかです。

ローカルマシン

　趣味や学習、評価以外にはあまり使用しないやり方です。これは、展開されるソースとリポジトリが同じマシン上にあると、マシンが壊れたときにソースコードが壊滅状態になるからです。別マシンにあれば、他方が吹っ飛んでももう片方が残ります。リポジトリが吹っ飛んでローカルのコピーだけが残った場合は履歴や修正差分は壊滅しますが最新のソースだけは残ります。

オンプレミス

　ローカルマシンと接続されたLAN上のサーバーにリポジトリを置く方式です。
　昔は主流だった管理方式です。現在は徐々にクラウドへの移行が進んでいますが、ソースコードは最も大切な資産だから管理を他人に任せたくない……と考える人たちがいるので、すべてがクラウドに移ってしまうとも断言できません。
　ちなみに、サーバーの利用形態は主にファイル共有方式と専用ソフト方式があります。
　Visual SourceSafeはファイル共有方式で、ファイルが共有できるサーバーがあればそこに独自のディレクトリ構造を作成してそれをリポジトリとして利用できました。一方、TFSは専用ソフト方式で、TFSをサーバーにインストールしなければなりません。ファイル共有機能があるだけではリポジトリを持つことはできません。

Chapter **9** バージョン管理

クラウド

クラウドにリポジトリを置く場合、いくつかの注意点があります。

●公開か非公開か？

公開が前提になっているサービスは、公開したくないソースの管理には使用できません。クラウドのリポジトリは OSS 用として発展したものも多くあります。そのようなサービスは、**ソースは共有財産**であり**非公開は悪**だという思想から公開が前提で、その代わり安価ないし無償で使用できるものが多数派です。

しかし、**いつになったらおまえのところの主力商品のソースコードを公開するんだよ**と陰口を叩かれる OSS 応援企業も多いことからわかるとおり、やはり非公開のソースコードを管理する機能にもニーズがあります。非公開のソースコードを管理できるサービスも多くあります。

●集中か分散か？

リポジトリの保管方法として、集中方式と分散方式があります。クラウド上の仮想マシンに自分でリポジトリを展開する場合は意識する意味がありますが、特定サービスに機能を丸投げする場合はあまり意識する意味はないかもしれません。

●無料か有料か？

OSS 開発に使用する場合は無料というケースも多くあります。Visual Studio と C# で書いていても、書いたソースコードを OSS として公開するなら当然それは OSS のソースコードと見なされるので、無料で使用できるサービスも多くあります。

しかし、世の中には OSS になじまないソースコードもあります。それらは、有料のサービスを使用することになるでしょう。

●OSS 専用か否か？（あるいは OSS ではないときの条件）

OSS 開発に使用するか否かで条件に差が出るシステムもあります。

練習と自分の技術アピールのために作ったソフトは、ソフトを誇示したいからということで OSS としてソースコードごと公開してもよいかもしれませんが、その後取りかかる業務ソフトは公開されると困るかもしれません。しかし、条件に差があると気付かずに同じようなノリで使用してしまわないように注意しましょう。

リポジトリのバックアップ

バージョン管理ソフトをフル活用するとすれば、**リポジトリのバックアップは重要**

9.7 ソースコードリポジトリをどうするか？

となります。リポジトリという集中的にソースコードを管理する1つのデータストアにすべての更新履歴が含まれるからです。

当然、いつでも過去のある時点に戻れる機能性はデバッグには重要です。バグが混入したのが1カ月前でも1年前でも、そこまでソースコードを巻き戻す必要が出てくるかもしれません。

管理コストの問題

リポジトリを使えば使うほど、そこに管理コストの問題が発生します。リポジトリはすべての変更を差分として管理するので、ファイルを単に削除しても小さくはなりません。単に削除されたという情報が追加されるだけで、リポジトリはむしろ大きくなります。

履歴ごとファイルを消してしまえばリポジトリのサイズを小さくはできますが、それでは過去のある時点に存在したファイルを、巻き戻して再現することができなくなってしまいます。

しかし、デバッグの都合からいえば、可能なら過去のどの時点にでも巻き戻し可能にできると助かるのです。

リポジトリは大きくなっていく一方であるという前提を持ってソフトの開発計画を立てましょう。

差分をどこまでトラッキングするか？

とはいえ、無限に差分を蓄積していくと、リポジトリは肥大化し、操作もどんどん重くなっていきます。

どこかで踏ん切りを付けて過去のデータを切り捨てることも必要になるかもしれません。

たとえば、バージョン2のメンテナンス中に、バージョン1の時代にまで巻き戻すデバッグは行わないと割り切って、バージョン1の時代の変更差分を切り捨てることも選択肢として存在します。

実際、遠い過去の履歴になればなるほど参照する頻度は減っていきます。

残しておく意味は、古い更新差分であればあるほど希薄になっていきます。

そして、それによってバージョン管理ソフトの基本操作が軽くなるのなら、全体的な生産性は上がるかもしれません。なにしろ、バージョン管理ソフトはあらゆるソースコードの修正に関与してくる非常に基本的なソフトなのです。それが軽くなるメリットは大きいのです。

279

Chapter 9 バージョン管理

Column バージョン管理理解度チェック

次の問題に答えて、バージョン管理についての理解度をチェックしてみましょう。

●練習問題

デバッグ・スター君が「俺は間違いを犯すほど愚かではない。バージョン管理ソフトなど不要」と言い放ちました。デバッグ・スター君の言い分は正しいでしょうか？

●正解

正しくありません。たとえ彼がミスを犯さなくても参照しているライブラリで問題が起きれば過去に遡って調査する必要が出てきます。

●練習問題

バージョン管理ソフトを導入しようと思います。誤った説明を選んでください。

(1) 小規模開発ならVisual SourceSafe を使うべき
(2) 特定のソフトのお薦めはない。環境やニーズに従って選ぶべき
(3) 分散型リポジトリは障害に強い
(4) プロジェクトすべてのファイルを排他的にロックしたら殴られた
(5) クラウドの業者と契約してリポジトリをクラウドに置いたら、その会社が潰れてリポジトリも消えた

●正解

(1)

Visual SourceSafe はすでに過去のソフトなので、お薦めはしません。けして、TFS が大規模用で Visual SourceSafe は小規模用というわけではありません。小規模向け TFS である Team Foundation Server Express も存在しますが、TFS は扱いが難しいので、git などを使うことを検討してもよいでしょう。

280

Chapter 10
バグトラッキングデータベース

The Way to Be a DEBUG Star

Chapter 10 バグトラッキングデータベース

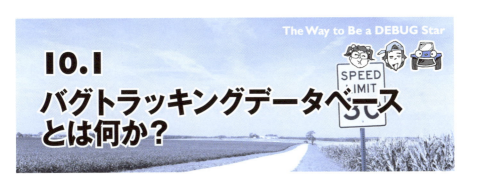

10.1 バグトラッキングデータベースとは何か？

　プログラムが小さくシンプルな場合、バグのレポートは散発的にやってきます。1つ1つ、届いたら対処して終わりにしているだけでもわりとなんとかなります。

　ところが、プログラムが大きく複雑化してくると、複数のバグのレポートが同時並行で舞い込むようになります。それに対処するプログラマーも複数になるとどんどん話がややこしくなります。

　取ろうと思っていたバグを別の誰かがすでに取っているという事態も起こります。

　そこで、**バグ取りの始まりから終わりまでを管理するシステム**が使用されます。

　Wikipediaでは「**バグ管理システム**」という名前で項目が立っています。その中で「**バグトラッキングシステム**」という別名も紹介されています。

　ここでは筆者が親しんでいる「**バグトラッキングデータベース**」という用語で説明していくことにしましょう。いずれにしても、**バグを管理するソフト**という同じ意味を持つ言葉です。

10.2 バグトラッキングデータベースの機能

バグトラッキングデータベースは複数のバグのレポートから退治までのすべての記録を管理します。場合によっては退治されたはずのバグが残存していることがわかり、退治済みからバグ取り中に逆行する場合もあります。

基本的には以下の 4 種類の機能を持ちます。

●バグの集中管理

そこを見れば現在進行中のすべてのバグの情報と解決済みのすべてのバグの情報を見ることができます。

●バグの検索機能

バグを発見したら、検索すればすでにレポート済みのバグと同じかを確認できます。まったく同じならすでにレポート済みとして後は放置してもよいし、何か有益な追加情報があるときはそれをバグトラッキングデータベースに追加することもできます。

●バグの履歴管理

バグは退治されればそれでよいというものではありません。過去に遡って、どういうレポートがあり、どのように修正し、どうデバッグ完了をテストしたのかを調べることができなければなりません（そして完了したはずのバグが再発していれば、修正が間違っていたことになるので、差し戻される）。

●通知機能

電子メールなどで、自分が扱っているバグに関する状態が変更されれば通知を受け取ることができます。バグを取るのが僕であっても、有力な参考情報を追加するのは他の誰かかもしれないのです。通知機能は有用な機能です。

10.3 バグトラッキングデータベースの利用サイクル

　ソフトの種類によって、多少、機能や作業のやり方、用語などが異なっている場合があります。しかし、大ざっぱな流れはどのソフトでも似ているはずです。

❶レポート

　デバッグは、バグのレポートを受け取ることから始まります。レポートを受け取ったらバグトラッキングデータベースを検索して、報告済みのバグと同じかを調べます。違っていれば新しいバグの項目をデータベースに追加します。

　バグのステータスは**未アサイン**となります。

❷アサイン

　バグの管理者は、新しいバグについて担当者を決定してアサイン（割り当て）します。この担当者が基本的にバグ取りを行うことになります。しかし、勘違いしてはいけません。アサインされたら即座に作業を開始するわけでは必ずしもありません。たいていの場合、彼は複数のバグを抱え込んでいますが、作業は優先順位の高いものから行われます。バグトラッキングデータベースには優先順位の情報も記録できます。

　バグのステータスは**アサイン済み**に変更されます。

❸デバッグ

　アサインされた担当者はデバッグを行い、ソースコードを修正します。しばしばバグの原因を調査中に、原因が他の誰かが担当するモジュールに存在することに気付きます。そのケースについてはこの後の「10.4：再アサインの重要性」で述べます。

　バグのステータスは**デバッグ済み**に変更され、アサインされる対象はバグを取ったプログラマーからテスターに変更されます。

❹テスト

テスターは本当にバグが取り除かれているのかを確認します。確認が取れない場合は❸の段階に戻るために、ステータスとアサイン先を変更します。

確認が取れた場合はステータスを**テスト済み**に変更し、アサイン先をデータベース管理者に変更します。

❺クローズ

データベース管理者はステータスを**クローズ**に変更してデバッグを終えます。

しかし、データベースから情報が消えることはありません。将来、参考のために参照されるかもしれませんし、テスターが見落とした条件で再発することがわかってステータスが戻ることもあるからです。

10.4 再アサインの重要性

　筆者がこのジャンルのソフトに初めて出合ったのは、マイクロソフト社員だった1990年前後のことです。日本のパソコンソフトの平均的な開発現場ではまだあまり使われていなかったと思います。

　当時、人数は時期により増減しましたが、数人のプログラマーが協力して開発していました。

　対象の規模が大きく、1人が全体像を把握することは難しいので、それぞれが特定のモジュール群を担当していました。

　その時期、思い出深いことがありました。

　そのプロジェクトには、16ビットCPU専用のモジュールと32ビットCPU専用モジュールが含まれていました。そこで、同じように書かれているはずなのに片方のモジュールでのみ正常に動かない問題が出ました。調査の結果、特定の機能で問題が起きていることを突き止めました。しかし、それは自分の担当範囲のモジュールで実現されていた機能ではありませんでした。そこで、問題発生原因となったモジュールの担当者にアサインを変更しました。

　しばらくして、アサイン先が自分に戻ってきました。

　実は、実装されていない（ドキュメントで明示されていないが、そのバージョンではサポートされていない）機能を使ったのが悪かったのです。よく見ると、2つのモジュールはほとんど同じように書いてあったはずですが、特定機能だけは違う書き方をしていました。

　これは、サポートされていない機能をうっかり使ったモジュールだけが動かないというバグだったのです。

　そこで筆者は、動くモジュールと同じスタイルで動かない側のモジュールも書き換えました。

　これでデバッグは完了できました。

　この事例の教訓は何でしょうか？

Chapter 10　バグトラッキングデータベース

　デバッグも、**それぞれの得意分野を持ち寄ってタッグを組んで取り組めばスムーズに進む**ということです。
　バグの原因を調査した結果が自分の担当から外れるなら、どんどん他の誰かにバグを再アサインしてかまわないのです。さらなる調査の結果、さらに他の誰かの担当モジュールが悪いとわかれば、さらにまた再アサインしてかまいません。最終的に巡り巡って自分のところに戻ってくることもあるでしょうが、そのときは経由したすべてのプログラマーの知恵がデータベースに蓄積済みなのです。ずっとスムーズに問題に取り組めるでしょう。

10.5 問題の統合

バグのレポートから解決まですべて記録しようとすると、どうしても**別のレポートだが同じバグ**という問題が発生します。

最初からわかっている場合は、1つだけバグをデータベースに登録すればよいのですが、しばしば調査中に同じ問題が原因だとわかる場合があります。

つまり、別々のIDや名前がすでに割り振られた**バグを統合**して**同じ**と見なす機能が必要とされます（→図10.1）。

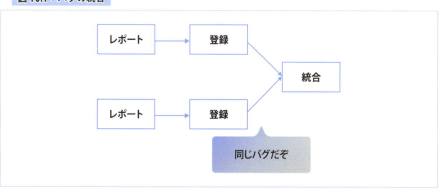

図10.1：バグの統合

たとえば、計算ミスのバグが、表示の狂いという問題と実行速度のスローダウンという問題を起こすかもしれません。しかし、原因がわかっていない段階では表示とスローダウンは別件のバグと思われがちです。そして、たいていは別の原因が存在します。

しかし、まれに原因が共通している場合があるのです。それは無視してよいほど小さな確率でもありません。

10.6 問題の派生

逆に、**1つのバグレポートあるいは同じバグだと思われた複数のレポート群が、別のバグを意味している場合**があります。そのような場合には、一度登録されたバグを分割して、**複数のバグに派生**させる機能も必要とされます（→ 図10.2）。

図10.2：バグの派生

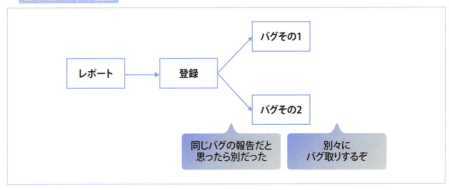

たとえば、「**特定のいくつかのファイルが開けません**」というレポートが来たとき、その原因は異なっているかもしれません。たとえば、ファイル名を確定させる処理の中で例外が起きている場合と、準備されているべきファイルが手違いで存在していない場合では、バグの原因も解決方法も同じではありません。しかし、しばしば**ファイルが開かない**という1種類のバグとして報告されてきます。

10.7 バグトラッキングデータベースが機能しないとき

あるとき、見たことも聞いたことも、もちろん使ったこともないバグトラッキングデータベースを使用してほしいという旨の要請がありました。一応、OSSとしてはそれなりに有名なソフトでした。

ある仕事に関する進捗を、それでわかるようにしてほしいということでした。

しかし、あまりうまくはいきませんでした。

なぜ、うまくいかなかったのでしょうか？

- そのソフトの利用に熱心だったのはシステムを用意したシステム管理者だけだった（彼は用意しただけで、積極的に利用するわけではなかった）
- 彼を除く関係者は、全員そのソフトに不慣れであった
- そのソフトに習熟する時間は取られていなかった
- 自分が通常使うソフトではないし、将来的に使う予定もないソフトだったので、筆者も深入りする気がなかった
- 開発するソフトの規模が小さく、専用ソフトを用意してまでバグを追跡するほどの意味はなかった。むしろ手間が増えるだけだった
- 特定の時期にまとめて登録されたり、作業内容も千差万別でムラが多かった（登録項目が多ければ時間がかかるともいえず、ペースがつかみにくかった）
- 完了と見なしてよいか微妙な作業項目も多く、なんとなく完了しているようなそうではないような項目が増えていった
- あまり意味がなくとも形式的に入力すべき項目もあって、オーバーヘッドが大きかった
- 意味がないだけならマシなほうで、ソフトの制限で適切に表現できない作業項目もあった
- このデータベースを経由しない連絡が電子メールなどでも流れていた

結局、**バグトラッキングデータベースとは一種の交通信号**です。混乱を収拾するた

Chapter 10 バグトラッキングデータベース

めの切り札として用意された以上、これ無しでは渋谷のスクランブル交差点は機能しません。

しかし、すべての交差点が混乱しているわけではありません。

めったに車も通らない田舎道に交通信号を設置しても、無駄な待ち時間が発生するだけです。1キロ先まで見渡せる状況で車が来ないとわかっているのに横断歩道の赤信号を待つのは単なる苦痛でしかありません。

バグトラッキングデータベースも同じことで、複雑に絡み合った問題を解きほぐすにためには役立ちますが、もともとそれほど複雑ではないプログラムではオーバーヘッドのほうが大きくなります。

まして不慣れなソフトです。

開発規模を見定め、使うのか使わないのか、何を使うのか、どう使うのかをきちんと見極めたほうが良いでしょう。

それに対して、バージョン管理ソフトは、どんな規模の開発でもあったほうが良いのです。たとえ1人で行う趣味の開発であっても、千人で行う大規模開発でも、必要性は同じです。しかし、バグトラッキングデータベースについては規模や習熟度の違いで明確に必要性に差が出ます。同じではないので注意しましょう。

10.8 簡易管理

では、筆者が個人的に開発をしているときはどうでしょうか？

実は、バグトラッキングデータベースは使用していません。

テキストファイルで Todo リストを作成して使用しています。

まず空のテキストファイルを用意し、Todo と Done という文字を書き込んでおきます。Pending という行があってもよいでしょう。

実行すべき項目は Todo の下に、終わった項目は Done の下に、棚上げにする項目は Pending の下に書き込みます。

基本的に 1 行に 1 つの作業項目を書き込みます。Todo 以下に書かれた作業項目を実施し、いまは実行不可能であったり、重要度が低いとわかった項目は Pending に移動させ、実行が完了した項目は Done 以下に移動させます。

たったこれだけです。

Visual Studio から使うときは、ソリューションエクスプローラのソリューション直下にテキストファイルを追加して、**ソリューションアイテム**として扱います。Visual Studio は問題なくテキストファイルを扱えます。

ただし、仕様書はこれとは別に作成しています。

あくまで、作業項目の確認のためのファイルです。

自分 1 人で仕様の策定からコーディング、テスト、リリースまで行っているのであれば、この程度の規模でも十分です。

さて、ここで 1 つ疑問に思う読者もいると思います。

この程度の Todo リスト機能は TFS にも含まれていて筆者は長い間 TFS をメインに使用してきました。ならば、なぜ TFS の Todo リストを使わなかったのでしょうか？

その理由は簡単で、この簡易管理方式は TFS に乗り換える前から使い始めていて十分であることを確認していたからです。

さて、簡易管理手法は必ずしもバグ管理の方法としてお勧めするわけではありません。しかし、開発規模によってはこのようなバグトラッキングデータベースともいえないような簡易な方法でなんとかなってしまう場合もあるのです。

Chapter　バグレポート作成者側の心構え

11.1 書き方

バグレポートの書き方を説明しようとすると手が止まります。
なぜかといえば、レポートの大半の情報は使用されずに終わるからです。
かといって、どんどん省略してよいかというとそうでもありません。
関係ないと思っていた機能が再現条件だったりするからです。
たとえば、以下のような手順があったとします。

- ❶ **[ファイルを開く]** ボタンを押す
- ❷ **読み取りモード**で開くか質問される
- ❸ ファイル名を選択する
- ❹ ファイルの読み込みに失敗する

このとき、しばしば❷の手順はレポートから省略されてしまいます。読み取りモードであるか否かでファイルの内容が変化するわけではなく、関係ないと思う人がいるからです。

しかし、実際は以下のようなコードになっているかもしれません。

```
if(readOnly)
{
    Console.WriteLine(File.ReadAllText("file.txt"));
}
else
{
    var s = File.ReadAllText("file.txt");  ← ここで落ちる
    File.WriteAllText("new.txt",s);
}
```

この場合、変数 readOnly に入っている**読み取りモード**の情報は必須です。そ

れが間違っていると永遠に再現しないかもしれないからです。

それにもかかわらず関係ないと思われて省略されてしまうことは多く、デバッガを泣かせることになります。

では、情報をすべて省略しなかったらそれでよいのかといえばそうでもありません。

量が多くなりすぎて、そこから意味のある情報を拾い上げるのが難しくなるからです。

いちばん好ましくないにもかかわらずよく遭遇するパターンは、**さまざまな情報をよく収集して膨大な情報が添付されているにもかかわらず、ほしい情報だけない**というパターンです。

たとえば、インストールされているあらゆるモジュールの詳細なバージョン情報はあるのに、そのアプリが 32 ビットで実行されているのか 64 ビットで実行されているのかわからないケースです。

あるいは、データベース接続ライブラリの情報は豊富にあるのに、接続先のデータベースのバージョンが欠落しているというケースもあるでしょう。

では、何が必須の情報なのでしょうか？

それは誰も断言できません。

関与するあらゆるモジュールがバグに関係するかもしれないからです。

しかし、**最も重要な情報**だけはいえます。

それは、**レポート対象のソフそのもののバージョン**です。

それはなぜでしょうか？

たとえば、以下のような経緯があったとします。

❶ バージョン 1.0 リリース
❷ ファイルの上書き保存ができないバグが発覚
❸ 修正
❹ バージョン 1.1 リリース

バージョン 1.1 リリース後に「**ファイルの上書き保存ができません**」というバグレポートが来たとき、問題が発生したソフトのバージョンが 1.0 か 1.1 かで対応がまるで違ってくるからです。

もし 1.0 なら 1.1 へのバージョンアップが望ましい対応です。サポート担当者がすぐ返信して話が終わります。プログラマーは関係しません。

しかし、1.1 なら、取ったと思ったバグが実は取れていなかったという非常事態を意味します。この場合は、プログラマーがもう一度本格的なデバッグをやり直す必要があります。

その後の対応がまるで違ってきてしまうのです。

298

知りたい情報が不明のときは、デバッグを行っている技術者がバグの報告者に問い合わせる経路を確保することも意味があるかもしれません。

　しかし、レポートから時間が経過すると環境が失われて答えられないこともあります。

「バグに遭遇しましたが、再インストールしたら直りました。現在は再現しません」 ということもわりとあります。利用者が、バグが再現する環境を維持してくれる保証はありません。

Chapter 11 バグレポート作成者側の心構え

11.2 管理

バグレポートを受け取る側のバグ管理の問題はすでに「第 10 章：バグトラッキングデータベース」で説明しました。
もう 1 つ説明を要するのが、**バグレポートを書く側のバグ管理の問題**です。
というのは、バグレポートは書いて送れば終わりではないからです。
しばしば何週間も後に以下のような状況が発生するからです。

- バグが取れたと思うが確信がない。再現しないことを確認してほしいという依頼が来る
- 環境の確認などの補足情報を求める問い合わせが届くことがある

そこで、以下のような問題が発生します。

- バグが発生しなくなっている
- バグを回避するように構成を変えてしまったか、再インストールしてしまった
- 再現条件を忘れたため再現できない
- すでに環境が大幅に変化してしまった

それとは別に、「こう操作すると発生しなくなりました」という情報を追加で伝えたい場合もあるでしょうが、確実に発生しなくなったことを確認するには再現手順を踏むことが重要です。別の操作をして発生していないと確認しても、再現手順を踏んでいなければもともと発生条件に合致しない操作だった可能性があります。
つまり、**詳細なバグレポートはレポートを行った人自身が後から参照可能にしておかなければなりません。**

現実問題として、バグが起きる環境を何カ月も先まで保存しておき確認するのは難しいかもしれません。問題を解決してソフトを利用できるようにするのが先だからです。しかし、せめて詳細な情報ぐらいは参照可能にしておかなければなりません。

これは、たとえば自分自身が送った電子メールを記録するフォルダ（送信ボックスなど）でもかまわないのです。送信したレポートと同じ文面が手元に残っていれば、それはかなり役立ちます。

　しかし、チャットで報告すると、他の話題と混じり、チャットツールのログなど見てもわかりにくいかもしれません。その場合は、あらためてそのバグに限定したまとめのメモを作成して、何らかのメモツール（EverNote や OneNote）で記録しておくと良いかもしれません。

Chapter 11 バグレポート作成者側の心構え

11.3 モチベーション

　バグの報告者から見て最も面白くないのは、せっかく手間と時間を使ってレポートしたのに「**再現しません**」のひと言で終わってしまった場合でしょう。
　では、そういわせないためにはどうすれば良いのでしょうか？
　問題の発生条件を厳密に絞り込むのです。
　たとえば、「1Gバイトのファイルを作成すると落ちます」ではまだ足りない可能性があります。もしも、「ディスクの残り容量が1Gバイトを切っているときに、1Gバイトのファイルを作成すると落ちる」のであれば、本当は「ディスクの残り容量よりも大きなファイルを作成すると落ちる」のかもしれません。その場合、あなたが遭遇した条件が「1Gバイトのファイルを作成する」だったとしても、そこからさらに条件を絞り込んで「ディスクの残り容量よりも大きなファイルを作成する」としてレポートしなければなりません。そうすれば、レポートを受け取った側も再現できる可能性が高まります。
　では、そのように厳密な条件を突きつめていけばよいのかといえば、次の問題が立ちはだかります。そのような条件の厳密化には手間と時間がかかります。しかも、たいていは無償です。ボランティアとして協力することになります。
　そうなると、**なぜそれを行うのか、何のためにそれを行うのか、というモチベーションが重要**になります。
　モチベーションがなければ、バグのレポートなど書けません。
　筆者の経験から例を挙げましょう。
　たとえばWindowsの新版が正規リリースされるとすぐに「あれが動かない」、「これが動かない」という悲鳴が上がります。しかし、これはおかしいといえます。本当に動くか検証し、動かなければ直すために、正規リリースの前にベータ版やRC版が提供されているからです。しかし、動作検証をいっさい行わず、正規リリース後に問題が発覚するケースがあまりにも多いのです。
　これもモチベーションの問題といえます。昔からあるいまや当たり前のWindows

11.3 モチベーション

にいまさら時間など使いたくない、という気持ちもわかります。しかし、利用者がいて実際に使っているのであれば、それも無視できません。本当はやったほうが良いとわかっている人もいるでしょう。でも、できません。モチベーションが足りないからです。いまさらWindowsに対して熱心になってもヒーローにはなれないのです。誰も誉めてはくれません。

別の例を出しましょう。

スマホOSも開発している某社の社員には他社OSを搭載したスマホを持っている者が多くいました。それでいて、バグレポートは社外の協力者から積極的に得ようとしていました。そうして公開された開発版のOSには、ほぼ使い物にならないようなひどい出来のバージョンもありました。それでも、苦労してインストールしましたが、社員が自社製品の開発に協力せずに社外に投げる姿勢は、外部の協力者が苦労を背負い込もうというモチベーションを下げます。

まとめましょう。

手間と時間を使ってまで、たとえ無償であろうともバグをレポートして開発に協力するモチベーションを確保できるか否かは、ソフト開発の生死を握ります。

どれほど革新的な機能を実現しようとも、いまさら時代遅れのWindowsアプリなんて……と思わせたら負けです（実際にはLinuxのほうがずっと時代遅れ。しかし、そんな昔のことは一般利用者の知ったことではない。それにアプリの新旧はOSの新旧とは関係がない）。

いかにして、注目を集め、協力しようというモチベーションを高めるか？——それが1つのキーポイントになるでしょう。

しかし、割り切ってお金を払って業務としてテストとバグレポート作成を業者に依頼するという選択肢もあってよいでしょう。給料あるいは報酬はモチベーションとしては十分です。

Chapter 11　バグレポート作成者側の心構え

11.4 素人の曖昧なレポートへの対処

The Way to Be a DEBUG Star

　素人の曖昧なレポートを、あらためて十分なレポートに書き直す**セカンドレポーター**も重要ではないかと思います。
　掲示板などで曖昧なレポートが書かれたとき、追試したうえで「**こうすれば確実に再現します**」と、より詳細なレポートに書き直してくれる人はとても貴重です。
　素人の曖昧なレポートは、単純な勘違いにすぎないこともありますが、実際にバグが存在する可能性はけっこう高いものです。うまく表現できていないだけです。それゆえに、条件の特定には試行錯誤を要しますが、本物のバグが見つかる可能性は高いのです。
　素人だからとバカにしないで慎重に扱うとよいでしょう。
　そして、条件、原因、回避方法などを詳細にまとめてくれる**セカンドレポーター**も大切にしましょう。
　彼らの存在は、サポートコストの低減と、満足度の向上につながるのです。サポート担当の社員が休んでいる深夜にもすぐ回避方法を書いてくれる人がいれば、利用者の作業が止まる時間は最少で済みます。
　ちなみに、マイクロソフトは自社製品を支援してくれた社外の人たちをMVPとして表彰していますが、このMVPの一部は間違いなく**セカンドレポーター**です。このような人たちに給料などが支払われるわけではありません。あくまで自腹の無償活動です。しかし、MVPとして表彰されるという栄誉が与えられ、**オレの活動は有意義であると認めてくれる誰かがいる**という満足感が得られるのです。
　つまり、**セカンドレポーター**としての活動に対するモチベーションとして、**金銭以外の方法で何かの栄誉を与えることは方法論として「あり」**でしょう。

304

12.1 トイレデバッグ、食事デバッグ、風呂デバッグ

デバッグは心と密接に関係しています。

何時間考えてもわからなかったバグの原因に、トイレで気付くこともあります。食事中や風呂に入っているときに気付くこともあります。

なぜでしょうか？

要するに、急いでバグを取らなければならないという**義務感や緊張感が視野を狭めている**のです。目の前にあることすら見えなくなっていることもよくあります。焦っていると、これみよがしに同僚の女性が見せびらかす新しいブラウスにすら気付けません。ましてバグの原因です。

しかし、仕事から解放されてリラックスすると急に視野が広がります。

これは覚えておくとよいでしょう。

いくら考えても原因がわからないときは、原因がわかるまでデバッグを続けるのではなく、**一時中断することで解決できることも多い**のです。

これも一種のデバッグのテクニックといえます。

リラックスして落ち着けば、同僚の女性が見せびらかす新しいブラウスにも気付くことができるし、目の前に潜むバグの原因もわかるかもしれません。

トイレに行く、食事に行く、風呂に入るなどのリラックス手段もデバッグ方法の一種なのです。

Chapter 12 デバッグに当たっての心構え

12.2 バグ取りは楽しい

バグ取りは作業プロセスとしては**意外性ナンバーワン**です。

- 予期しないタイミングで発生する
- 予期しない現象であることが多い
- 予期しない調査方法で調べることも多い
- 予期しない原因であることが多い
- 予期しない発生場所であることが多い
- 予期しない解決方法の模索が要求されることも多い
- 予期しない別の問題をバグ取り結果が引き起こすこともある

ですから、頭の中で立てた予定がそのとおりに進まないこともけっこうあります。

たとえば**計算結果がおかしい**というバグレポートがあれば、計算機能にバグがあると想定し、計算式の再検討と修正を行えば終わると予測するかもしれません。しかし実際は、計算のもとになるデータの読み込み機能のほうがバグっているかもしれません。

そんなとき、思ったとおりの手順で直せないことに怒り出す人と、思いも寄らない個所のバグに驚く人がいます。

では、どちらが建設的でしょうか？

まず、怒り出す人は建設的とはいえません。

バグとは予期できないものだからです。

容易に予期できるぐらいならとっくに取られている性質のものです。

つまり、計画を立てることができないのが普通であり、最後までサプライズが待っているかもしれないのです。

それがバグにとっての**普通**なのです。

では、驚くほうが良いのでしょうか？

驚けばよいというものでもありません。

目の前を自動車が通過して交通事故寸前だったから驚いたという話と、期待しないで見た映画が面白かったので驚いたという話はイコールではないからです。

つまり、驚きをどう受け止めるのかという心の問題になります。

重要なことは、できるだけリラックスして焦らずにバグと向き合うことです。

イヤイヤ向き合っていても、小さなヒントを見落としてしまうだけです。

つまり、バグを取る際、これから踏み込む場所は**呪われた霊気スポット**だと思わず**遊園地のお化け屋敷**だと思いましょう。

もちろん、バグの実態はお化け屋敷というよりも迷路に近いものです。直感が良ければすぐに抜けられますが、一度迷うと、いつ出られるかわかりません。

しかし、**一度迷うといつ出られるかわからない**という否定的な要素よりも、予測できない不確かさを楽しんでしまったほうが良いのです。お化け屋敷ならどこでオバケが出るかわかりませんが、バグもそういうものだと思って楽しんでしまったほうが良いのです。

Chapter 12 デバッグに当たっての心構え

12.3 バグ取りで怒りが出るとき

それにもかかわらず、バグ取りで怒りが出るときは確かにあります。

たとえば、**XYZ ライブラリをぜひ使用してほしい**というリクエストがあったとき、実際にそのライブラリを評価して信頼性に難があるという結論に至ったとしましょう。それにもかかわらず、XYZ ライブラリの利用は顧客の出した条件だからと、のまなければならないことも多くあります。そのような状況下で XYZ ライブラリがバグの原因になっていることがわかれば、やはり怒りがわいてくるでしょう。

この場合のバグは、意外性がありません。**やはり**と思うだけです。

それは**「井戸から幽霊が出ます」**と看板に大きく書かれたお化け屋敷のようなものです。わかりきった展開であれば、どこも怖くはありません。驚きもありません。

もっとも、そのようなライブラリはそもそもデバッグの段階にまでたどり着けないことも多くあります。そもそもコーディング段階で、**期待された機能の欠如**などが発覚して問題を起こします。

リクエストする側は**ムード**で選ぶだけですから、それが技術的に彼らの思いどおりに動くか否かは、彼らにとってまた別の問題なのです。

12.4 バグ取りはチャレンジだ

筆者はときどき**誰も原因がわからないやっかいなバグ**を取りました。その際に、周囲の驚きや賞賛を得たこともあります。
では、なぜ**誰にも取れなかったバグ**を筆者が取れたのでしょうか？
筆者が天才だからでしょうか？
そうではありません。
原因のないバグはないという信念を持って、しつこくしつこく調査し続け、発生の可能性を絞り込んでいっただけなのです。これは根気さえあれば誰でもできることです。
そのような事例の1つとして、現象面からまったく絞り込めないバグを取ったケースを紹介しましょう。
そもそも、再現条件が絞り込めないのです。
結局、ある特定の操作で落ちるという情報だけを頼りに、ソースコードをロールバックしてどの修正からバグが入り込んだのかを特定しました。
どれほど特定困難なバグでも、修正履歴から発生タイミングがわかれば、そこで修正されたわずか数行の中に原因があります。数百万行のソースコードから原因を拾い上げるのはほぼ無理ですが、数行なら可能性があります。
原因がすぐわかっても、どう直せば良いのかわからないバグもあります。バグを取ると、正常動作している別のコードを破壊してしまうので、直すべきかわからない場合もあります。
しかし、それらの問題は難しければ難しいほど解決したときの解放感は大きいものです。快感です。
その快感を得るためにこそ、バグ取りというチャレンジに挑戦するとよいでしょう。
ピンチの連続ですが、最後には敵の弱点を発見して逆転勝利する、そのようなヒーローになろうではありませんか。
正義は必ずしも勝たないのかもしれませんが、バグは必ず取れます。そういう信念を持ってバグに立ち向かいましょう。

Chapter 12 デバッグに当たっての心構え

12.5 再現できないバグ

バグ取りでやっかいなのは、**間違いなくそこにバグがある**というレポートがあるにもかかわらず再現ができないときです。

これには2つの可能性があります。

1つは再現条件が不十分なときです。このときは、再現条件の特定が先決です。

もう1つは、実際にはバグがないときです。

なぜ、バグが存在しないのにバグレポートが来るのでしょうか？

その理由は、**あなたが信じた仕様とわたしが信じた仕様が違う**という問題にあります。

仕様と動作が食い違っていれば**バグだ**というレポートが発生します。これは自然ななりゆきです。

しかし、バグを報告してきた人が**仕様だ**と信じている動作が実は開発者が**仕様だ**と信じている動作と違っている場合は、話がややこしくなります。

そして、報告してきた人のほうが立場が強い場合、バグはないにもかかわらず修正が要求されることになります。

もっとやっかいな問題があります。

それは、バグが再現しないとき、**条件が不十分だから**なのか、それとも**そもそもバグはない**からなのか、区別が付かないことです。

どれほど長い時間を費やしたところで、それはバグはないという証明にはなりません。無意識的に条件から外した何かが原因でバグが起きる場合もあるからです。

この場合も、バグが存在することを証明することは、いわゆる**悪魔の証明（現実的には証明不可能）**になります。

取れないバグはないという信念は持ってよいのですが、そもそもバグがあるかわからないときはかなり心理的に不安になります。

しかし、この問題では、反証が1つでもあれば先に進めます。つまり、確実にバグが発生するケースが1つでもあれば、バグの存在は証明できるのです。

312

12.6 決める勇気

もっとやっかいなのは、矛盾した仕様です。
取れないバグはありません。
しかし、取ってしまうと仕様に反してしまうことがあります。
もちろん、仕様に反した挙動をしているからバグと見なされているのです。
だから、バグを取らないという選択肢はありません。
たとえば274ページで紹介したものと同じタイプの以下のようなバグがあるとします。

- 0が入力されたら、その旨を警告するメッセージを赤色で出力する

しかし、それとは別に以下のような仕様もあったとします。

- すべてのエラーメッセージは赤色とし、警告メッセージは黄色とする

警告メッセージが未実装のときは矛盾を起こしません。しかし、**その旨を警告するメッセージを赤色で出力する**という部分を実装すると、もう1つの**警告メッセージは黄色とする**という仕様と衝突してしまいます。
どう直して良いかわからず、バグ取りが暗礁に乗り上げてしまうこともあります。
誰かが矛盾を解消するために仕様を再定義すればよいだけの話ですが、誰もが責任から逃げてしまうと、どんな簡単なバグも取れなくなります。
決める勇気が必要です。
実際に、ある人が**この部分はこうします**と決め、それでデッドロックを回避できた事例を経験したことがあります。意思決定に関与する人数が多いと動きが取れなくなるのかもしれません。船頭が多いとフネは山に登るのです。

Chapter 12　デバッグに当たっての心構え

12.7 コメントは信頼できるか？

The Way to Be a DEBUG Star

　ID番号と人名の管理を行うソースコードで、もしもコメントに「**ID番号のユニークさを確保できるなら、#if を有効にするとスピードアップできる**」と書かれていたとしましょう。このコメントは信頼できるでしょうか？
　より具体的に言い直せば、`#if` を有効にすると本当にスピードアップするでしょうか？
　ID番号のユニークさは確保されているとしましょう。つまり、ID番号1に該当する人物はつねに1人と見なしてよいとします。
　結論からいえば、信頼すべきではありません。
　なぜなら、固定的にコンパイル対象から外されているコードは、対象から外れた後は一度もテストの対象になっていないからです。どれほど内容が間違っていようとお咎め無しです。
　そして、コメントも同じようにテストの対象になっていません。
　つまり、コメントの内容が間違っていても、通常はお咎め無しです。
　たとえ、間違ったことを書いていなくても、時間が経過することで実情と食い違ってしまう場合があります。
　たとえば、「**引数 warn を false にすると警告を抑止できます**」というようなコメントがあっても、引数 warn が存在しないことなど珍しくもありません。実は機能的に**引数の抑止**を包含するもっと大きな**メッセージの抑止**という機能に統合され、`stopMessage` という引数に機能が包含されて引数 warn は消えてしまったのかもしれません。しかし、統合の書き換えを行ったプログラマーは、このコメントの存在を見落としたり、あるいは書き換えの必要に気付かないこともありうるのです。
　そうなれば、コメントは何の意味もないゴミそのものです。
　ここで解釈が分かれます。
　1つは、**どうせ役に立たないコメントなど書くのをやめてしまえ**とい

う考え方です。コメントを書くよりも、ソースコード本体をわかりやすくする書くべきだ、という趣旨です。たとえば、変数 s を宣言する代わりにわかりやすい名前の allMessage のような名前を付けるのです。

　もう1つは、**細部が違っていても大意をつかむ役には立つから、あったほうが良い**というものです。たとえば警告を抑止する引数 warn が存在しなくなっていたとしても、**警告を抑止する機能があるらしい**という当たりを付けることはできます。

　筆者にはどちらが正しいとはいえません。

　ただし、1つだけいえることはあります。

　詳細なコメントは詳細であればあるほどすぐに賞味期限が切れます。

　しかし、**特に説明を要するトリックを使用した場合などには、コメントを残すほうが望ましい**といえます。

　たとえば、**このメソッドの引数は 0 が渡される可能性がないので、0 で除算する可能性をチェックしていない**といったコメントは意味があります。さもないと、バグでもないのに**バグ**と見なされて、直す必要のない修正が入ってしまうかもしれません。そして、不必要な修正は、しばしば修正そのものがバグを混入させてしまうのです。良いことはありません。

Chapter 12 デバッグに当たっての心構え

12.8 頑張りすぎるな

「頑固なバグでしたが、3日徹夜して取りました」

デバッグ・スター君は、このように主張しました。

この主張は評価に値するでしょうか？

精神論の観点と効率の観点から評価してみましょう。

まず精神論で考えてみましょう。

3日徹夜したことは、必死に頑張ったことの現れであり、かわいげがあります。残業し徹夜する部下をかわいいと思う上司がいることもわかります。なによりも、一生懸命です。熱意の存在が証明されています。

そして、しばしばこのようなタイプは上司に目を掛けられたり、高評価を受けたりします。

では、効率の観点から考えてみましょう。

デバッグは無数の可能性の中から、**本当の理由に気付く閃きが基本**です。デバッグには**こうすれば確実**という**マニュアルは存在しません**。手数では勝負できないのです。いくら無限に続くステップをトレース実行したところで、わからないときはまったくわかりません。たとえバグの兆候が一瞬ちらりと顔を見せても気付かないでやり過ごしてしまうことも少なくありません。しかし、閃いてしまえばバグの原因に直行できます。そして、徹夜は判断力を鈍らせ、何よりも閃きからプログラマーを遠ざけてしまいます。おそらく3日徹夜してやっと取ったバグは、ゆっくりと休養を取って精神的にゆとりを持ったプログラマーならもっと短い期間で取れることが多いでしょう。逆に3日徹夜したプログラマーはそのあと使い物になりません。最低でも1日ぐらいは休ませないと仕事に復帰できないでしょう。そういう意味で、見た目以上に効率が悪いといえます。もちろん、たっぷり休養を取っているプログラマーはすぐに次の仕事に取りかかれます。

つまり、徹夜は効率が悪いのです。

筆者の経験をいうと、実際に同僚に徹夜しないでくれと頼んだこともあります。も

し徹夜すると効率が悪いということからいったわけではありません。現に徹夜して効率が目に見えて落ちていたからです。**上司目線**では、徹夜する部下は努力していることがわかってかわいいと見えるのかもしれませんが、**同僚目線**で見れば仕事の進行が遅れる一方で、しわよせは同僚にいくだけです。好ましい話ではありません。

では、徹夜をしなければそれでよいのでしょうか？

そうではありません。

精神的に追い詰められて視野が狭くなっている状態そのものがデバッグ向きではないのです。

たとえば、徹夜をしないとしても、まったく原因もつかめていないバグを**1日以内に取れ**などと追い詰められ、緊張が増した場合、ふだんならすぐに見つけるバグの兆候を見逃してしまうこともあるでしょう。

要するに、**本当にバグを退治したいなら頑張りすぎるな**ということです。

Chapter 12 デバッグに当たっての心構え

12.9 取れないバグはない！トラップで受け止めろ

最終的なデバッグの心構えは、やはり**取れないバグはない**でしょう。
なかなか発生条件や原因がわからないバグはありますが、それは**いかにしてそれを捕獲するのかというトラップを工夫する**ことで対処できます。

もちろん、取れないバグは存在します。ですが、取れない理由はデバッグを行っているプログラマー側にはたいていありません。矛盾した仕様、外部モジュールの回避できないバグ、その他の外部要因によることが多いのです。

だから、**何もかもオレに仕切らせれば取れないバグはない**と豪語するぐらいの気持ちを持ってもよいでしょう。仮に取れないバグがあっても本人のせいではありません。何もかも自分でやっていれば、取れないバグなどありません。

もちろん、本当にすべてのバグを取れるのか筆者には保証できません。もしかしたら諸事情から取れないバグが残る可能性もあります。

しかし、その信念を持つことの有用性はよくわかります。

たいていのバグは、粘れば原因を明らかにでき、それが外部要因でなければ除去可能だからです。

そのバグはオレが担当するモジュール上にあってオレがバグを取る義務がある。しかし、**複雑すぎてオレの手には負えない。天才に任せよう**という前に、もう一度よく考えてみましょう。たいていのバグは単純です。複雑に見えるのは、単に各方面に影響を与えてそう見えるだけのことが多いのです。つまり、**見せかけの複雑さ**にすぎません。君に対処できないほど複雑なバグなどそうそうあるものではありません。君に対処できないとすれば、それは複雑だからではなく、外部要因があるからだと思ったほうが良いのです。矛盾した要求を変えない顧客や、レポートしてもなかなかバグを取ってくれないライブラリ製作者を呪いならごみ箱でも蹴って、それから回避方法を探しましょう。こうして気分が変わると、回避方法が見つかることもけっこうあるので、対処方法としてはバカにできません。うまく回避方法が見つかれば、それでバグは取れるのです。

318

Appendix
バグを出さない方法

The Way to Be a DEBUG Star

Appendix バグを出さない方法

A.1 単体テスト

 この 1 枚のポテチを食べたぐらいで太るはずがないのだ。
 そうだな。
 だから何枚食べても OK なのだ。ぽりぽり。
 違うだろ。

　本書はデバッグの本でありテストの本ではないので、テストについて深くは触れません。
　単体テストとは、メソッドやクラスなどの小さな単位でテストを行うプログラムのことです。当然、自分で作成します。テストの作成と実行を支援するフレームワークは存在します。Visual Studio に内蔵された機能もありますし、NUnit のような有名な OSS も存在します。
　このようなテストを随時実行していれば、正常な動作が損なわれたときすぐにそれを察知できる可能性があります。もちろん単体テストが検出可能なバグに限られますが、それでもバグレポートが来る前にバグに気付くことができるメリットは大きいものです。
　このテストのポイントは、以下のとおりです。

- 手間をケチらずにテストを作成する
- できるだけ頻繁にテストを実行する
- テストはできるだけ詳細に行うのが望ましいが、あまりにも細かすぎると実行に時間がかかりすぎるし、テストの作成にも手間がかかりすぎる。コンパクトで効果的なテストを心掛ける

　開発中に単体テストを作成することで、一見手間が増えるかのように見えますが、**デバッグの手間が大幅に減るので、時間と手間が増えた分は簡単に元を取ることができ、お釣りもきます。**

A.2 テスト駆動開発

> 兄貴。良いことを思い付いたのだ。バギーちゃんの0点のテストの答案を後に釣り下げるのだ。バギーちゃんは0点の答案から逃げたくて、いつもより加速するはずなのだ。

> DEBDEB……。頭がいいバギー先生が0点なんて取ると思うか？

単体テストをテストの手法から開発の手法に高めたのがテスト駆動開発です。

テスト駆動開発はそれだけで1冊の解説書になるものなので、ここでは簡単にさわりを説明しましょう。

テスト駆動開発は、レッド、グリーン、リファクタリングというサイクルで開発を進めます。

より具体的にいうと以下のような手順の繰り返しで作業を進めます。

1. これから書こうとするコードの単体テストを書く
2. 単体テストを実行して単体テストに失敗することを確認する（レッド）
3. 単体テストが成功するようにコード本体を書く。無駄があってもよい。ともかく単体テストさえ通ればよい
4. 単体テストを実行。失敗（レッド）なら3に戻る。成功（グリーン）なら次に進む
5. 無駄のあるコードができているはずなので、無駄を取り除く（リファクタリング）
6. 単体テストを実行。失敗（レッド）なら5に戻る。成功（グリーン）なら終了する

これにより、品質の高いコードが素早く得られ、単体テストを頻繁に実行することで品質を維持することができるようになります。

重要なポイントは、この方法で使用される単体テストは**テストの手段**ではなく**開発の手段**だということです。

よく、**開発ソフトのテスター向けの版に単体テスト機能があればよい**と考える人がいますが、それはまったくの誤解です。単体テストの機能は開発者にも必要とされるのです。

Column 並列複合バグという罠

- バギー先生。どうしてもこのバグが取れません。
- どれどれ。症状は、データの追加ができない。再現手順は2つあって、1つはメニューからのデータ追加、もう1つは、メイン画面のボタンからのデータ追加と。どこが難しいですか？
- いくら調べてもバグがどこにもありません。
- どんな調べ方をしていますか？
- 入力方法に関係なく発生するバグなので、メニューとボタンで共通に実行されるソースコードを中心に徹底的に調べました。
- バグが存在することは確実ですか？
- はい、2つの再現手順のどちらを使っても確実に起きます。
- なるほど。もしかしたらこれはアレかもしれませんよ。
- アレとは？
- デバッグ・スター君はこのバグを1つのバグだと思っていますが、本当は2つかもしれませんよ。
- ええっ？ どういうことですか？
- では、メニューからのデータと、ボタンからのデータ追加は別のバグだと思って調べてみてください。
- あ……。
- どうしました？
- 2つのケースで、問題が発生する原因は別物でした。
- よくあるパターンですね。症状が似ていると**同じ原因のバグだ**と思い込みがちですが、実はそうではないことがよくあります。

Appendix バグを出さない方法

A.3
ライブラリの信頼性の判定

The Way to Be a DEBUG Star

> あ、これは30年前に販売が終わった幻のポテチ。食べたいのだ。美味い美味い。さすが幻の味。
>
> こらこら。そんな古いものを食うな。
>
> お腹痛いのだ。

現在のプログラム開発で、ライブラリ抜きということはありえません。

しかし、どれを使うのかという選択の問題がバグに直結します。ライブラリにバグがあれば、いくらバグを出さないように努力してもバグは出るからです。

一般的により広範囲に使用されているライブラリであればあるほどバグは少ないと思ってよいでしょう。もちろん、見逃されたバグはあるかもしれません。しかし、その数は少ないでしょう。

リスキーなのは、**生まれたての最新の高性能ライブラリ**の採用です。実績が少ないライブラリは、どこでどんな罠が待っているかわかりません。もちろん、機能や性能にそれだけの魅力があれば、リスクがあっても採用する場合があるでしょう。しかし、その場合は、ライブラリの開発元と緊密に連絡を取って問題を解消しつつ、慎重に作業を進める配慮が望ましいといえます。

OSS は信頼性が高いといえるのか?

筆者の私見ですが、OSSはテストとドキュメントが弱点になっているケースが多いと感じます。確実なテストを行わずにリリースされるソフトは多く、ドキュメントと動作が乖離していくケースも多くあります。それでも、**ソースコードを直せばいいでしょ**というスタンスで素早いバージョンアップが連続することも多いし、まだバグが多いのに突然更新が止まってしまうこともあります。

また、OSSには他のソフトの参照が多く見られます。**車輪の再発明は無駄だ**

324

からやるべきではないという金科玉条の下で、どのソフトも多数のライブラリを参照し、それらがまたライブラリを参照しています。その複雑な階層構造はしばしば問題を引き起こします。勝手にバージョンアップが続くライブラリ間の整合性がいつまでも維持されるとは限らないのです。また、不整合を解消してもらえるとも限りません。

本当に使って良いか、シビアな判断は必要とされるでしょう。

筆者のお勧めは**参照するライブラリの数は最少にする**です。これが問題が発生する確率を最小化します。**ちょっと便利だがなくてもなんとかなる**というレベルのライブラリなら、あえて参照しないことも意味があります。参照先のライブラリは少なければ少ないほどバグを起こしにくくなるからです。また、ちょっと書けば同等の機能を実現できる場合も安易に新しいライブラリを参照しないほうが良いのです。たとえ**車輪の再発明**をすることになってもです。

Appendix バグを出さない方法

A.4 テストの完全性とテスト時間の問題

 踏切が開くまでの時間を使って、トランクのポテチをすべてチェックするのだ。
 終わる前に踏切開いちゃうだろ。
 でも、ポテチのチェックは大切なのだ。
 あ、チェックといいつつ食べてる。

　単体テストの時間の問題には触れましたが、どのようなテストであろうともつねに時間と完全性の狭間で悩むことになります。
　つまり、本当なら1文字でもソースコードを書き換えたらすべてのテストはやり直しをすべきなのですが、実際にそれを行うだけの時間はまずありません。予算もありません。
　そこで、どこまで妥協するのかという選択をつねに迫られることになります。
　たとえば、**ファイルの書き込み機能を強化しました**というのであれば、**ファイルの書き込み機能**に限って集中的にテストするのも1つの選択です。もちろん、まったく関係ない個所に問題が波及する可能性はあり、本当はすべてのテストが望ましいのです。しかし、できないときはやむをえません。
　このように、テスターはつねにテストの完全性と与えられた時間のギャップに悩むことになります。
　自動化された単体テストは、少なくとも単体テストの手間と時間を節約できるという意味で望ましいものです。
　操作を自動化するツールを使用して、UI操作のテストを自動化することも意味がありますが、UIの変更が多い場合は自動化しにくいかもしれません。

A.5 バグが出ても安全側に倒すフェイルセーフの考え方

 見て見て、兄貴。万一手が滑っても口の中にポテチが入るようなポーズなのだ。
 手が滑らない場合は？
 手でポテチを口に入れるのだ。

ある人がいいました。

> 「ゲームで大切なことは、バグが出ても停止しないことだ。ゲームが進行し続ける限り、途中で少しおかしなことが起きても許容される。しかし、途中で止まって動かなくなるとプレーヤーは怒る」

どのようなソフトにも同じことがいえます。

いきなり例外を吐いて止まるソフトよりも、異常動作をしたとしてもファイルを保存するチャンスを与えられるソフトのほうが使い勝手が良いことはいうまでもありません。

たとえば、以下は悪い例です。もし変数 i の扱いにバグがあり、永遠に 10 にならないとしたらハングします。

```
using System;

class Program
{
    static void Main(string[] args)
    {
        int i = 0;
        for (;;)
        {
            if (i == 10) break;
```

Appendix バグを出さない方法

```
            Console.Write(i);
            i++;
        }
    }
}
```

実行結果

```
0123456789
```

これは、if 文を以下のように書き直すとモアベターになります。

```
            if (i >= 10) break;
```

10 にならないとしても、10 より大きい数字になればループを脱出でき、ハングは
免れるからです。ですが、永遠に 10 以上にならない場合はやはりハングします。
　以下のような書き方はもっと良い書き方です。

```
using System;
using System.Linq;

class Program
{
    static void Main(string[] args)
    {
        foreach (var i in Enumerable.Range(0, 10))
        {
            Console.Write(i);
        }
    }
}
```

　その理由は、繰返し回数が間違いなく有限だからです。昇順の数値を発生する機能
は Range メソッドを使用していて自分では書いていません。自分で書かずに実績のあ
る共通ライブラリを使用することで、確実に品質はアップします。
　そして、foreach 文はソースのシーケンスの回数しか繰り返しません。無限シーケ
ンスを発生させるコードは記述可能ですが、わざわざそう書かない限り発生しません。

328

ですから、まず無限ループには入りません。

無限ループに入ってハングするということもほとんどありません。

以上のように、**ソースコードを書くときに安全側に倒す**ということを心掛けると、万一バグが発生したときの緊急性を緩和できます。つまり、晩酌のビールを切り上げてすぐ来いといわれないで、明日の朝一の対応で済む可能性が高まるのです。

Column 直列複合バグという別の罠

- バギー先生。間違いなくバグを発見して確実に取ったのに、まだ正常動作しません。なぜでしょう？
- どうやって確認しましたか？
- 単体テストは通ります。結合テストが通りません。
- これもよくあるパターンですね。
- まさか？ 誰かの呪い？
- そんなことはありません。1つの不具合を報告するバグレポートがつねに1つのバグに対応するとは限りません。
- まさか。
- バグを取った結果、それまで実行されていなかったコードが実行されるようになり、そこにまたバグがあった、というのはよくあるパターンです。あるいは、単純に複数のバグがもともと存在していた場合もあります。
- なぜそんな問題が起きるのですか？ 対策はありますか？
- 動作を狂わせる原因が2つだろうと3つだろうと、利用者から見れば**動作が狂った**と見えるだけです。個数まではわかりません。対策は、単体テストの充実ぐらいしかないでしょう。
- 個別の機能を切り離してテストすれば、バグが複合する可能性は少なくなるわけですね。

Epilogue

Epilogue

Debugpedia

デバッグ用語集

デバッグ用語集

英語

adb

UNIX で使用されるアブソリュートデバッガの名前。しかし、Android Debug Bridge の略でもあるらしいので、話はややこしい。どちらもデバッグ関連のソフトの名称だ。

→UNIX

→アブソリュートデバッガ

API (*Application Program Interface*)

OS やライブラリが提供する機能の入口。

これを利用して OS やライブラリの機能を利用することになる。デバッグ中に、問題の発生原因がこの入口の向こう側にあると急に難しくなる。たいていの場合、自力では直せないからだ。その場合は、レポートして直してもらうか、あるいは問題を起こす機能を使わないようにプログラムを書き換えることになる。

→OS

→デバッグ

→レポート

ARM

CPU のアーキテクチャの1つ。携帯機器などで採用される場合が多い。

→CPU

By Design

バグを解決する究極の呪文。「By Design」とは、設計どおりという意味であるが、裏を返していえば、設計どおりに振る舞っているソフトは修正の必要がないことを意味する。

つまり、作成したソフトがどれほどおかしく振る舞おうとも、それが意図したとおりの動作であれば直す必要は発生しない。

そのため、バグレポートが来たとき、どうしてもそれを直すことができない何かの事情があるときは、「By Design」または「仕様です」といってお茶を濁すバッドノウハウが存在する。

しかし、ごまかしはいっさいなく、本当に仕様どおりの挙動を「バグだ」としてレポートしてくるケースは多い。たとえば、筆者の経験だが、Windows がはやり始めた 1990 年代初期に「Windows はバグが多い」という噂が開発者の間で流れたことがあるが、個別のケースを詳しく聞いてみると、たいていは不慣れによる API の誤用が原因であった。

334

デバッグ用語集

→API
→Windows
→バッドノウハウ

CIL (*Common Intermediate Language*)

.NET Framework で使用される仮想の機械語。通常の機械語は、各 CPU が解釈できる個々の言語のことであるが、これはどの CPU にも適合しない仮想の機械語として設計されている。実行される場合は、さらに実在の CPU の機械語に JIT で翻訳される。つまり、中間言語としての機械語でもある。CPU のアーキテクチャによって変化する機械語を嫌ってどの CPU にも変換可能な中間言語として作られたものである。しかし、近年は JIT の動作の消費電力が問題になり、中間言語は嫌われる方向にある。現在の C# は CIL にコンパイルされる場合と、CIL を経由せずに直接ネイティブコードを生成する場合がある。

→CPU
→JIT
→機械語
→ネイティブコード

CLR (*Common Language Runtime*)

共通言語ランタイム。.NET Framework アプリケーションを実行するための仮想マシン。C# だけでなく、.NET Framework アプリケーションはどの言語で書かれたものも CIL にコンパイルされた場合、この上で動く。逆に C# で書かれていても、ネイティブコードとして出力されれば、CLR 上では動作しない。

CLR 上で動いている場合、逆アセンブル結果が IL になるケースとネイティブコードになるケースがある。

→CIL
→IL
→ネイティブコード

CLR デバッガ (*DbgCLR.exe*)

かつて提供されていた CLR 用のデバッガ。

→CLR
→デバッガ

CodeView

Windows の初期に使用されたデバッガ。きわめて初期には、2 モニタデバッグが必須

335

デバッグ用語集

であった。片方の画面に Windows を、もう片方にデバッガの画面を出すためである。し
かし、初期の IBM PC とその互換機では、英語環境ではモノクロ用のディスプレイカー
ド（MDA：*Monochrome Display Adapter*）とカラー用のディスプレイカード（EGA：
Enhanced Graphics Adapter など）の 2 枚を差すことは容易であったが、日本語用の
JEGA（*Japanese Enhanced Graphics Adapter*）を 2 枚差すことは困難であった。つまり、
事実上 CodeView は使用できなかった。状況が変化するのは、1 モニタで画面を切り替え
ながら CodeView が使用できるように改良された後である。

→デバッガ

CPU (*Central Processing Unit*)

コンピュータの中央指令所に当たる機能を持つ部品。MPU と呼ばれることもある。
パソコン本体を CPU と呼ぶ場合もある。

CPU はデバッグと密接な関係を持つ。デバッグ中のプログラマーは、しばしばデバッ
グ中にコンピュータの生の環境を見る必要が発生し、その際に見える光景は CPU のアー
キテクチャごとに異なるからである。

CPU のアーキテクチャはメーカーが異なっていても合わせている場合があるし、同じ
メーカーでも異なるアーキテクチャの CPU を製造している場合がある。

→デバッグ

dbx

UNIX のソースコードデバッガ。

→UNIX

→ソースコードデバッガ

DDT (*Dynamic Debugging Tool*)

CP/M と呼ばれるパソコンのきわめて初期の時代に幅広く使用された OS に付属したデ
バッガの名称である。

本来、DDT（*dichloro-diphenyl-trichloroethane*）とは殺虫剤の名称であるが、これは
日本人と関係が深い。第二次世界大戦で日本は連合国軍に無条件降伏したが、その後進駐
してきた連合国軍は、ノミ、シラミなどが多い日本人に対して DDT を使用した。

虫を取るためのデバッガに、殺虫剤の名前を使用していることになる。ただし、フルス
ペリングは一致しない。

殺虫剤の DDT は大量に日本で使用されたにもかかわらず、デバッガの DDT を日本で
使用した人は少数派であろう。アメリカの CP/M ブームは日本に上陸できなかったからだ。

→デバッガ

336

デバッグ用語集

DDT.COM

DDT の実行ファイル名。

→DDT

DEBDEB

デバッグ・スター君の妹。

さるカートゥーンにはディディという名の主人公の姉が登場するが、綴りは Dee Dee であり、彼女と DEBDEB とは関係ない。デバッグ（*DEBUG*）はしばしば DEB と略されるので、これを採用した名前である。しかし、それでは DEB であって DEBDEB にならない。2つ目の DEB はデブを意味している。なにしろ、兄貴よりもポテチを愛しているのである。

Debug

Windows の前身に当たる OS の MS-DOS に標準で付属していたアブソリュートデバッガ。役割は徐々に Symdeb に移行していったが、互換性の都合上ずっと付属していた。実はデバッガとしてではなく、実行ファイルにパッチを当てるツールとして使われることのほうが多かった。人気ワープロソフトのこのアドレスを無効命令（NOP）で書き潰すとコピープロテクトが外れる……といった情報が横行した時代もあるが、もちろんそれによって不正コピーを行えば犯罪である。

→OS

→Symdeb

→アブソリュートデバッガ

DEBUG.COM

初期の Debug の実行ファイル名。

DEBUG.EXE

後期の Debug の実行ファイル名。

Debugging Tools for Windows

Windows のデバッガの1つ。Win32 SDK に付属する。統合開発環境の Visual Studio と違ってデバッグ機能だけを持つ単体のデバッガである。

→デバッガ

→統合開発環境

デバッグ用語集

F12

いくつかの Web ブラウザが持っているデバッグ機能を起動するキーの名称。機能そのものが F12 開発者ツールと称されることもある。

gdb

OSS のデバッガ。C# のデバッグにも使用できるとされているが、筆者は試したことがない。

→デバッガ

IDE (*Integrated Development Environment*)

統合開発環境のこと。

→統合開発環境

IL

CIL のこと。

→CIL

jdb

Java のデバッガ。C# プログラミングでお世話になる可能性はあまりない。

→デバッガ

JIT (*Just-In-Time*)

コンピュータ関係で使用された場合は、たいていの場合、JIT コンパイラの略称。

→JIT コンパイラ

JIT コンパイラ (*Just-In-Time Compiler*)

実行するごとに、そのつどコンパイルを行う仕組みのこと。

多くの場合、仮想の機械語から、そのプログラムを実行しているマシンのアーキテクチャに合わせた現実の機械語に翻訳される。

→機械語

MSIL

CIL のこと

→CIL

デバッグ用語集

OS (*Operating System*)

コンピュータの基本ソフト。たいていのアプリは OS の上で動作するので、OS そのものがどれぐらいデバッグ支援機能を持っているかで、デバッグの機能性が左右される場合がある。デバッグ支援機能をいっさい持たない OS も存在し、その場合はデバッガ自身があらゆるデバッグ機能を提供するか、あるいはそもそもデバッグ機能がまったく存在しない場合もある。

デバッグ機能が存在しないシステムであっても、それに対応する開発専用機が存在し、そちらにデバッグ機能が用意されている場合もある。あるいは、エミュレータでの実行時にデバッグ機能が提供される場合もある。

→エミュレーション環境

RST 38H

RST 7 のザイログニモニック表記。ザイログ社の Z80 はインテル社の 8080 と互換性があり、プログラムを実行可能であったが、メーカーが異なるため違った表記を採っていた。

→RST 7

RST 7

本来の意味は、8080 や Z80 という初期の 8 ビット CPU が持っていた命令で、CPU に対してソフト割り込みをかける命令である。割り込み発生後に実行継続するアドレスは 0038H になる。

しかし、デバッグ機能を持っていない初期の CPU でデバッグ機能を提供するために利用される場合があった。CP/M 付属の DDT などがこのテクニックを使用していた。

たとえば、ブレークポイントで停止させたいとき、現代の主要 PC 用 CPU であればデバッグレジスタに止めたいアドレスを設定するだけでよい。

だが、デバッグレジスタがない場合はそれでは止められない。そこで、止めたいアドレスに RST 7 という命令を書き込んでしまうのだ。そして、デバッガの動作を継続するコードを 0038H というアドレスに書き込んでおく。すると、止めたい場所に到着するとプログラムは中断してデバッガに制御が戻ってくるのだ。戻ってきたら、RST 7 は元の命令に戻しておくのである。

この方式のメリットは、理論上、無限の数のブレークポイントを設置できることだ。デバッグレジスタの数は有限だが、この方式なら制限はない。

逆にデメリットは、プログラムを書き換えてしまうため、完全に互換の動作にならない可能性があることだ。実行しながら自分自身を書き換える自己書き換え型のプログラムは正常に動作できないかもしれない。

このようなトリックは現代でも意味がある。なぜなら、デバッグレジスタの数は有限だ

デバッグ用語集

が、設定したいブレークポイントの数はしばしば制限を上回るからだ。

→DDT

→RST 38H

→デバッグレジスタ

RTM *(Release to Manufacturing)*

製造工程に入るソフトウェアのリリース。CD-ROM や DVD-ROM にプレスして商品として出荷するものを指す。要するに完成品。完成品にもバグがあり、さらにアップデートが行われることが前提になっているので、とりあえず一般利用者に渡しても致命的な事態が起こらない版という認識でよいだろう。しかし、それにもかかわらずしばしば致命的な問題が起きる。

製造工程をすっ飛ばしてダウンロード販売される場合にも RTM という言葉が使用される場合がある。

→アルファ版

→ベータ版

→リリース候補版

SID *(Symbolic Instruction Debugger)*

CP/M で使用されたシンボリックデバッガ。

→シンボリックデバッガ

SQLインジェクション *(SQL Injection)*

SQL 文を組み立てるロジックに不備があるときに、対象文字列の一部を SQL 文としてシステムに解釈させ、データベースを不正に操作可能にすること。正しくはセキュリティホールの一種であって、バグではない。しかし、いかに仕様書に書いていないとしても、データベースを不正に操作させたい依頼主などいるはずがない。仕様書にたとえ書いていないとしてもバグと見なすべき問題だろう（ただし、バグを直す費用をどこから出すのかという問題は別途検討の余地がある。仕様書に書いていない以上、別料金という考えもあってよい）。

→セキュリティホール

SYMDEB

MS-DOS で使用されたシンボリックデバッガ。

→シンボリックデバッガ

340

デバッグ用語集

SYMDEB.EXE

SYMDEB の実行ファイル名

→SYMDEB

UNIX

UNIX は、ベル研究所で 1970 年代に最初のバージョンが開発された OS の名前である。

ときどき、UNIX が世界の常識であると主張する信者が出てくるが、世界の大多数の利用者は UNIX を使っていないし、Linux のような互換 OS を使っていることもない。サーバー分野での Linux のシェアは大きいが、利用者本人が使っているのは Windows であり、iOS であり、Android である。しかし、そんなことを指摘しても宗教的な論争に巻き込まれて無限に続く"流血"が起きるだけなので、話を聞いたら反論しないで「わかりました」とだけいって終わりにするのが最も賢明だ。論争する暇があったらバグを 1 つでも多く取ろう。論争に半日使っても誰も誉めてくれないが、バグを取れば評価されるのだ。

→OS

WINDBG.EXE

Debugging Tools for Windows の実行ファイル名。

→Debugging Tools for Windows

WINDBGRM.EXE

Debugging Tools for Windows のリモートデバッグ用の実行ファイル名。

→Debugging Tools for Windows

Windows

マイクロソフトが開発した OS の名称であるが、実際にはたった 1 つの OS を示しているわけではないことに注意が必要である。過去には、Windows 95 系列と Windows NT 系列の大きな違いが存在したが、現在はむしろデスクトップ用の Windows と Windows Phone や IoT 用などの差異が大きい。中核的な API が共通しているだけと割り切るか、あるいは Universal Windows アプリのような技術を使うとよいだろう。

注意点は、昔から自称詳しいマニアがデマの拡声器になっている点だ。マニアぶった顔をした誰かが**Windows の真実**を語り出したら注意が必要だ。本当の意味で詳しい人は、論争で勝つ人ではない。コツコツとコードを書き続けている人だ。実際に Windows で動くコードを生み出し続けている人は、Windows の長所も短所もよく知っているはずである。**オレは 20 年 Windows を使っている**と自慢しているマニアは、単に操作しているだけならたいした知識はないと思ってよい。

341

デバッグ用語集

→OS

x64

CPU のアーキテクチャの 1 つ。x86 を 64 ビット化したもの。現在の PC では特記され
ない限りこのアーキテクチャが使用されることが多い。x86 をデザインしたのがインテル
社なので、これもそうかと思いきや、これはライバルの AMD 社がデザインしたアーキテ
クチャが原点となっていて、いまはインテル社も採用している。

→CPU
→x86

x86

CPU のアーキテクチャの 1 つ。1985 年に発表された 80386 という CPU から改良が続
けられた古い 32 ビットアーキテクチャ。しかし、x86 という名称そのものの 86 とは、
1978 年の 8086 という 16 ビット CPU に由来する。この 16 ビット CPU のアーキテクチャ
を 32 ビットに拡大して改良を加えたものが現在の x86 である。

→CPU
→x64

日本語

アップデート (*Update*)

デバッグはバグを取って終わりではない。確実にバグが取れていることを確認した後に、
それを利用者に届ける必要がある。

そのためには、ソフトのアップデートを行う。

具体的にどのようにソフトの新版を利用者に届け、どのように更新するのかについては
いろいろな選択肢がある。

最も古くさくて手間のかかる方法は、アップデートのインストーラーを用意し、それを
郵送して利用者がインストールする方法である。

最も過激な方法は、ソフトが起動されたときにバージョンチェックを行い、バージョン
が上がっていれば勝手に自分自身を更新してしまう方法である。

両者の中間にあるさまざまな方法が選択候補として存在している。

→「第 8 章：デバッグ後のバージョンの提供方法」

342

デバッグ用語集

アブソリュートデバッガ (*Absolute Debugger*)

デバッガの中でも、最低の機能しか持たないものをいう。メモリを 16 進数などで表示するか、あるいはせいぜい逆アセンブルリストを出力する程度の機能だけを持ち、元のソースコードのメソッド名などの情報は失われ、高級言語のソースコードも参照できないタイプを示す。メソッド名などのシンボル情報が利用できればシンボリックデバッガと、ソースコードが参照できればソースコードデバッガと呼ばれる。

→シンボリックデバッガ

→ソースコードデバッガ

→デバッガ

アルファ版 (*Alpha*)

一般的に仕様確定前の初期段階のソフトを示す。性能や使い勝手などのフィードバックを求めるために公開される。バグは多く残るが、バグレポートはまだそれほど強くは求められていない。性能や使い勝手はこれで良いのかを確認して仕様を確定するための版だからである。

→RTM

→アルファ版

→ベータ版

→リリース候補版

裏技

裏技は正規の機能ではない機能全般を示す言葉だ。

わざと最初から組み込まれて後から情報が公開される場合と、意図しない挙動（つまりバグ）が裏技として公開される場合がある。

1980 年代、任天堂ファミリーコンピュータ全盛期、ゲーム雑誌に掲載された裏技のかなりのものは実際にはバグだった。

現在ならアップデートで早急に潰されてしまうバグであろうが、当時は工場で生産するマスク ROM（量産すると安価だが内容を書き換えることはできない）という形態で販売された関係上、アップデートすることが不可能だった。そのため、バグを裏技と言い張るしかなかったともいえる。いま、同じことはできない。

→アップデート

エミュレーション環境 (*Emulation Environment*)

デバッグやテストの際に実機を準備するとたいへんだったり、手間がかかったりするので、実機を模倣する環境を用意することが多い。単に互換性を与えた環境を作成する場合

343

もあれば、仮想マシンを使って完全に同一の OS を起動してしまう場合もある。前者よりも後者のほうがより忠実な模倣を期待できるが、いずれにしてもエミュレーションで完全に同じにすることはできず、わずかな相違が残る場合が多い。

たとえば、Web アプリを開発する際に実行に使用される IIS（*Internet Information Services*）は、実際の Windows Server に含まれる IIS と機能的に同じではなく、これも一種のエミュレーションといえる。

エラッタ (*Errata*)

正誤表。仕様書どおりに動作しないソフトがあるとしても、仕様書の正誤表が出ていれば、正誤表もチェックしない限りバグがあるとは断言できない。

ただし、バグをなかったことにするためにエラッタを発行して仕様のほうをソフトに合わせてしまうという技も存在する。広く普及してしまい、もはや直せない場合にはそうするしかない。

カーネルデバッガ (*Kernel Debugger*)

通常のデバッガはシステム上で動作してアプリをデバッグする。しかし、それでは OS 本体（つまりカーネル）やデバイスドライバをデバッグできない。そこで、それらの低レベルのモジュールもデバッグできる特殊なデバッガであるカーネルデバッガが提供される場合がある。

→ デバッガ

瑕疵

バグのことを瑕疵と呼ぶ場合があるが、世の中で瑕疵といわれるものすべてがバグというわけではない。本来の意味は、機能、品質などが備わっていないこと。

→ バグ

機械語

→ ネイティブコード

逆アセンブル (*Disassemble*)

機械語は基本的に 0 か 1 で構成されるビットを集めて構成されている。しかし、これは人間が見ても意味不明なので、わかりやすい言葉を当てはめたアセンブリ言語というものが存在する。逆アセンブルとは、機械語からアセンブリ言語に翻訳することで、デバッガが持っている基本機能の 1 つである。とはいえ、いまどきの高級言語（C# など）のプログラマーから見れば、アセンブリ言語も意味不明のキーワードの羅列にすぎず、活用でき

デバッグ用語集

る可能性はほとんどない。

それにもかかわらずこの機能がデバッガから消えないのは、それを読むことができる若干の利用者がいて、その情報抜きには取れないバグがあるためだ。

→機械語

結合テスト (Join Test)

個々の機能を結合して行うテスト。個々の機能単体は**単体テスト**でテストするが、組み合わせるとうまく動かないケースがあるので、結合テストをなめてはいけない。

→単体テスト

コアダンプ (Core Dump)

システムやプロセスがクラッシュしたとき、その内容をすべて記録したファイル。そのまま内容を見るには高いスキルが要求されるが、ポストモーテムデバッガがあれば、それでデバッグできる。もちろん、クラッシュした瞬間の状況しかわからない。

→ポストモーテムデバッガ

故障

故障はバグではない。たとえば、特定のマシンでのみうまく動作しない問題が出たが、関連する部品を1つ交換したら正常に動作するようになったとすれば、それはバグではなく故障と思ってよいだろう。もちろん同一仕様のパーツに交換すればの話だ。

ただし、同一仕様だと思ったら実はロットごとに微妙な仕様差があって……ということもあるので、仕様差が引き起こしていたバグという可能性もある。たとえば、同じ商品名で売られていた同一仕様の商品なのに、実はマイナーチェンジが多く行われていて仕様が微妙に異なるという事例もあった。そのため、すべてのバリエーションで動作チェックを行う必要があり、メーカーのテストルームにはずらりとそれらが並んでいたという。

→バグ

昆虫採集

デバッグの間接的な表現。

→デバッグ

条件付きブレークポイント (Conditional Breakpoint)

ブレークポイントに条件を付加したもの。知りたいのは特定の変数がマイナスになったときだけ……といった条件が明確にわかっていれば、その条件のときだけ止めることができて便利。しかし、いちいち式を評価させるとその分だけスローダウンするので、使い方

345

デバッグ用語集

をしくじると一瞬で終わるはずのプログラムの実行に何時間もかかって定時に帰れない可能性もある。パワフルだが悪魔の誘惑。

→ ブレークポイント
→ 「5.4：条件付きブレークポイント」

仕様書のバグ (*Bug of Specification*)

仕様書が間違っていることを**仕様書のバグ**と呼ぶ場合がある。しかし、バグという用語の範囲を純粋のプログラムのみと捉えるか、仕様書などの周辺文書まで含めるかについての合意はどうやら取れていないようだ。つまり、実際には以下の3バリエーションが世の中にはあるらしい。

1. 仕様書の欠陥もバグの一種である。**仕様書のバグ**はあり
2. 仕様書の欠陥はバグとはいえないが、比喩的表現で**仕様書のバグ**はあり
3. 仕様書の欠陥はバグに含まれないので、**仕様書のバグ**という表現はない

仕様です

→ By Design

シンボリックデバッガ (*Symbolic Debugger*)

ソースコードを参照しながらデバッグできるデバッガ。ソースコードは表示できないが、変数名やメソッド名は参照しながらデバッグができるタイプ。何をしているのかわからない場合でも、メソッド XX で落ちているらしいとか、変数 YY の値を参照しているらしい、ということまではわかる。

→ アブソリュートデバッガ
→ ソースコードデバッガ
→ デバッガ

ステップアウト (*Step Out*)

デバッガでステップ実行する際、スコープから出るところまで飛ばす機能。

たとえば、「あ、ステップ実行していて間違えて1万回のループに入り込んでしまった」といったとき、律儀に1万回ステップ実行を繰り返さないで抜けるときに使う。

→ ステップ実行
→ 「5.5：ステップ実行」

346

デバッグ用語集

ステップイン (*Step In*)

デバッガでステップ実行する際、メソッドなどの呼び出しがあればメソッドに入った時点で止まる機能。呼び出した先のメソッドの動作も追跡したいときに使う。

→ステップ実行

→「5.5：ステップ実行」

ステップオーバー (*Step Over*)

デバッガでステップ実行する際、メソッドなどの呼び出しがあればメソッドの終了後に止まる機能。メソッドはデバッグする必要がないので飛ばすというときに使う。

→ステップ実行

→「5.5：ステップ実行」

ステップ実行 (*Step Execution*)

デバッガで1ステップ実行するごとにいちいち停止して待ってくれる機能。実行する単位によって主にステップアウト、ステップイン、ステップオーバーの3種類がある。

→ステップアウト

→ステップイン

→ステップオーバー

→「5.5：ステップ実行」

正誤表

→エラッタ

セキュリティホール (*Security Hole*)

悪意ある者が、何かの悪意ある行為を行うための侵入口。必ずしもセキュリティホールはバグではない。仕様書に書かれたとおりに実装されていても盲点を突かれることはあるのだ。逆に、バグがセキュリティホールを生むこともある。たとえば、関係ないメモリ領域を破壊してしまうバグがあるプログラムをシステムの乗っ取りに利用できる場合もある。C# の場合、任意の関係ないメモリ領域を破壊することは難しいが、実行環境のバグも併用すると不可能とも言い切れない。SQL インジェクション (*SQL Injection*)のようなタイプのセキュリティホールは C# でも無縁とはいえない。

→SQL インジェクション

ソースコードデバッガ (*Source Code Debugger*)

ソースコードを見ながらデバッグできるデバッガ。デバッグ対象のプログラムは、通常、

デバッグ用語集

機械語に置き換えられてから実行されるが、機械語の命令はプログラマー自身が書いたものではないので、それを見てもさっぱりわからない。自分で書いたソースコードを見ながらデバッグできれば効率アップできる。しかし、ソースコードデバッガであっても、機械語命令は見ることができるのが普通である。Visual Studio のデバッグ機能はソースコードデバッガの一種である。

→アブソリュートデバッガ
→機械語
→シンボリックデバッガ
→デバッガ

単体テスト (*Unit Test*)

メソッドなどを単体でテストする手法。すべてのバグを確実に検出する力はないが、問題を事前に察知できる場合は多く、意外と役立つ。デバッグの都合でいえば、単体テストの失敗はとても扱いやすい部類に入る。なぜなら、再現条件の確定に要する時間がとても少なくて済むからだ。単体テストのソースコードを見れば、知りたい条件はほとんどそこに書いてあるのだ。

→結合テスト
→「A.1：単体テスト」

チート行為 (*Cheat*)

ゲームにおいてズルをすること。それだけならデバッグとは何の関係もないように思えるが、実はバグがチートを可能にしてしまう場合があるのだ。たとえば、FINAL FANTASY VI では、番兵がいて街の外に出られないとき、うまく操作すると外に出られてしまうバグが存在する。外に出たときに出現するバグキャラが有名な**モグタン将軍**であるが、同時にストーリーの一部を飛ばして先に進む機能性も持ち合わせているチートである。このようなモグタン将軍はかわいいものであるが、昨今の課金が絡むオンラインゲームではチートは致命傷だ。その分だけ収入が減っては、収支計画が破綻して運営が継続できない。よって、バグに起因するチートはバグを取ることで阻止されなければならない。

デバッガ (*Debugger*)

デバッグを行うソフトあるいはデバッグを行う人。

前者の場合、ブレークポイントなどのデバッグ支援機能を提供する。

後者の場合、デバッグを行うスキルを持っているデバッグ担当者を意味する。単にバグをレポートするだけの人は、通常、デバッガに含まれないが、含まれる場合もある。たとえば、ゲームなどで完成直前のソフトを徹底的に使ってバグを見つける職種をデバッガと

デバッグ用語集

呼んでいる場合もある。

デバッグ（Debug）

バグを除去する行為。その範囲は状況依存。

デバッグ・スター（Debug Star）

本書の主人公。

さるカートゥーンにはデクスター（Dexter）という主人公が登場するが、デバッグ・スター（Debug Star）君とは何の関係もない。デバッグの星を目指すのはむしろ往年の有名野球アニメのもじりである。

デバッグビルド（Debug Build）

コンパイラは通常、命令の順序を入れ替えたり同等のより短いコードに置き換えたり、かなり自由にプログラムを改変して最適化する。しかし、ちゃんとソースコード順に実行が進まないとデバッグ時には不便なので、たいていは**最高性能で突っ走るリリースビルド**と**デバッグに有利なデバッグビルド**のどちらもビルド可能になっている。

デバッグモード（Debug Mode）

デバッグに便利な機能が有効になっている状態。詳細はソフトによって異なる。

デバッグレジスタ（Debug Register）

CPU に含まれているデバッグを支援する情報を格納する領域。たとえば、レジスタに記録されたアドレスに実行が達すると CPU に割り込みをかける。ブレークポイントを実現するために使用できる。CPU の種類によっては持っていない（x86 であれば、8086 などの初期のシリーズの CPU は備えていない）。

→CPU

統合開発環境（Integrated Development Environment）

エディタ、コンパイラ、デバッガなどの開発用ソフト一式をワンセットにしたもの。なぜ統合するのかといえば、いろいろ便利だから。編集中にコンパイラが走って文法エラーを指摘するであるとか、編集中にブレークポイントの設定も可能であるとか、統合されたことで実現した機能は多い。その反面、自分で選んだソフトを組み合わせて開発するというスタイルは実践できない。

→デバッガ

デバッグ用語集

ドッグフード (*Dog Food*)

未完製品のソフトのこと。未完製品のソフトを使うことを**ドッグフードを食べる**という。社員みんなでドッグフードを食べると、仕事が止まるようなことがあればみんなが文句をいうから、品質が早期に上がる。逆に社員でありながら他社製品を使っていたりすると、**ドッグフードぐらい食えよ。社員だろ**という批判も飛び出しかねない。

場合によっては、社外の人間もドッグフードを食べる。無報酬でドッグフードを食べる理由はさまざまだが、理由がない人はまず食べない。

トレース実行 (*Trace Execution*)

➡ステップ実行

ネイティブコード (*Native Code*)

CPU が直接理解する機械語のこと。C# は通常、仮想機械語である CIL を出力するが、ネイティブコードを直接出力することもある。そして、両者はデバッガで扱ったときに振る舞いに差をもたらす。CIL に含まれるメタデータの一部は、ネイティブコードには含まれないからだ。いまさら C# プログラマーが機械語を学ぶ必要はないとしても、ビルドした結果が CIL なのかネイティブコードなのかぐらいの区別は付いているとよいだろう。

➡CIL

バージョン管理システム (*Version Control System*)

ソースコードの修正差分をすべて蓄積し、任意の過去に戻せるようにしてくれるソフト。プログラマー最大の資産であるソースコードを管理するものであるから、これが強い関心事項であることは多い。マイクロソフトは自社製品の Team Foundation Server に注力して誰でも簡単にインストールできるよう改良を続けてきたので、それを使うことが Visual Studio を円滑に使うことかと思っていたら、いつの間にか Team Foundation Server はレガシーになり、みんな Visual Studio でも git を使い始めている。

➡「第 9 章：バージョン管理」

バギー (*Buggy*)

バグが存在している、あるいはしていると思われる状態を示す。変な挙動を多く見せるプログラムを、「このプログラムはバギーだな」、「これはバギーなシステムだ」などといったりする。しかし、しばしば「バギーなプログラム」には目立ったバグがないことがある。使うほうの勘違いというケースもあるのだ。

➡バグ

350

デバッグ用語集

バギー先生 (Teacher Buggy)

本書の先生。

先生は不幸なバグに見舞われてバギーになっていたが、デバッグ・スター君に救われた。君もバギーになった不幸な先輩や先生を助けに行こう。ちなみにバギーちゃんという呼称は、海底の鬼岩城に子供たちが行くという往年のアニメ映画から取ったとか取らないとか？

→デバッグ・スター

→バギー

バグ (Bug)

プログラムの欠陥のこと。ハードの故障やセキュリティホールはバグではない。しかし、バグがセキュリティホールを発生させたり、ハードの故障がバグを顕在化させることはある。

→セキュリティホール

バグ管理システム (Bug Tracking System)

→バグトラッキングデータベース

バグトラッキングデータベース (Bug Tracking Database)

バグのレポートから解決までの進捗をすべて記録するデータベース。

ある程度以上大きなプロジェクトで多数のバグレポートが飛び交っている場合、必須のソフトだが、みんなでこれを使うという合意がきちんとできていないとゴミに化ける。

→「第10章：バグトラッキングデータベース」

バグレポート (Bug Report)

「バグを見つけました」という報告。しかし、内容は玉石混淆。すぐにバグ取りに入れるかといえば難しいことも多い。しかも、「バグを見つけました」は「本人がバグと信じる現象に遭遇しました」であって、本当にバグがどうかは別問題。しかし、本物のバグを見つける場合もあるので、相手を傷付けないように「それはバグではありません」と伝えなければならない。

→「5.1：デバッグの手順」、「第11章：バグレポート作成者側の心構え」

バッドノウハウ (Bad Know-how)

目先の問題は解決できるが、あとあと禍根を残すノウハウ。使わないほうが良い。

たとえば、デバッグ機能が充実しているとき、ソースコードを書き換える printf デバッグはバッドノウハウだ。ソースコードの書き換えはつねにリスクを伴う。ブレークポイン

351

デバッグ用語集

トで止めてウォッチ機能で変数を見るだけで済むなら、ソースコードに出力文などを挿入してはいけない。

それはさておき、拙著の『裏口からの C# 実践入門——バッドノウハウを踏み越えて本物へ !! 』（技術評論社）もよろしくね。

ハンド逆アセンブル

逆アセンブルはたいていデバッガが持っている機能なので、デバッガを使えば済んでしまう。しかし、まれにデバッガの支援を受けられないデバッグが必要とされるが、そうしたケースでは 16 進数のダンプリストが見えるだけで、どんな命令が並んでいるのかさっぱりわからない。

そこで、命令表を参照しながら 16 進数からアセンブリ言語の命令に手動で書き換えるということが行われる場合がある。これがハンド逆アセンブルである。

しかし、手慣れた低レベルプログラマーになると、主要な命令は暗記しているので、命令表を見ないで逆アセンブルができる。いや、直接読めるから、逆アセンブルリストすら書かないで済ませる。ちなみに、筆者は 1980 年代前半の頃は、Z80 という CPU の主要な命令の 16 進数を覚えていた。デバッグ機能が貧弱な当時のパソコンを扱っていると、よく必要とされたからだ。いまでもまだいくつか覚えている。C9 は RET で、C3 は JP、CD が CALL だ。00 が NOP で、FF が RST 38H だ。しかし、いまどきのプログラマーはそういうことに記憶力を使うべきではない。そんな暇があるなら、実際に動くコードをどんどん書いて経験を増やそう。筆者は、お手本にしてはいけない悪い例だ。

→ 逆アセンブル

標準バカ

仕様書と食い違ったシステムが普及してしまった場合、事実上、**もういまさら入れ替えはできない**という状況に陥ることがある。世界的に使用される ISO（*International Organization for Standardization*）や W3C（*World Wide Web Consortium*）の仕様では起きやすい。その場合は、仕様を改訂して、普及してしまった間違った実装を正しい仕様に包含してしまうことがある。

ところが、あくまで標準仕様と違うことを非難し続けるタイプのマニアが意外と多い。問題は、仕様と違っているレガシーなシステムを彼らがみんな仕様どおりに置き換えてくれるのかといえば、何もしてくれないことだ。つまり、彼らは単に正しいことを正しいというだけで何も行動を起こさない。その結果、混乱した状況をもっと混乱させるだけで、何も益を生まない。

こういうタイプのマニアを標準バカという。

標準バカの言い分は正論なので、うっかりその主張を鵜呑みにして**我が社も標準に**

352

デバッグ用語集

合わない部分をすべて手直ししようなどと経営者が思ったりすると、地獄を見るのは現場のプログラマーだ。そして、100パーセント国際標準に適合させると、重要な機能が実現できないことや互換性を維持できないこともよくある。そのような場合、実現できなくなってしまった機能はどうするのか、互換性が失われるなら過去の資産はどうなるのか、何をどこまで直せば済むのか、先も見えない泥沼が始まる。

そもそも、それまで順調に動いてきたシステムを、**標準に適合させる**という何の実利もない空虚な理由で機能低下させることを顧客に納得させられる可能性はまずない。

不具合

不具合とは微妙な用語で、何を意味しているのかはっきりしない。筆者は、バグと事実上同じ意味だと思っていたが、そうではないと思っている人もいるようだ。彼らは、不具合はバグよりも広範囲に適用できる用語だと考えているらしい。バグはソフトの欠陥だが、不具合は仕様書の欠陥も包含するなどだ。しかし、**仕様書のバグ**という言葉が使用されることもあり、仕様書の書き間違いや矛盾もバグの一種と認識されるなら、あまり意味の差はないのかもしれない。

かのように不具合とは曖昧さを含む用語である。

筆者のお勧めは、相手が不具合といったときにどのような意図で使っているかきちんと問いただすことだ。それがお互いに誤解を持たないための最善の手段だろう。しかし、あえて問題を曖昧にしておきたいから**不具合**という言葉を使っている相手であれば、厳密な定義の要求は相手を不快にさせるかもしれない。彼は問題を明確に定義したくはないのだ。

→仕様書のバグ

→バグ

ブレークポイント（*Breakpoint*）

デバッガの機能の1つ。指定した個所に実行が達するとそこで一時停止する。そこから変数や引数を確認してもよいし、ステップ実行で続きを実行してもよいし、継続実行させてもよい。とりあえずブレークポイントで止めるだけで原因がわかるバグも意外と多いので、ビギナーはまずブレークポイントを使いこなすことを目指そう。間違ってもレジスタウィンドウや逆アセンブルを理解しようとしてはいけない。

→逆アセンブル

→ステップ実行

→デバッガ

→「5.3：ブレークポイント」

353

デバッグ用語集

プログラミング作法 (*Programming Style*)

ブライアン・カーニハン、ロブ・パイク著の『**プログラミング作法**』（*The Practice of Programming*）という有名な本もあるが、ここで取り上げるのはプログラムのソースコードを書くときの規則やガイドラインのことである。規則の良し悪しについては論がいろいろあるので、言及はしない。しかし、ソースコードが特定の規則に沿って書かれているとソースコードが読みやすく、デバッグもやりやすい。たとえば、メソッド A からメソッド B にステップインするだけで書き方がガラッと変わったりすると面食らう。

ベータ版 (*Beta*)

仕様が確定した後で、正常に動作することを確認するために公開されるテスト版。バグレポートは歓迎される。……のだが、しばしばベータ版からさらに仕様が変更されていくソフトも多い。
→RTM
→アルファ版
→リリース候補版

保守
→メンテナンス

ポストモーテムデバッガ (*Postmortem Debugger*)

プログラムがクラッシュした瞬間の情報から状況を調べるデバッグ用ツール。クラッシュした後で使用するので、クラッシュした瞬間のことしかわからない。
→コアダンプ

虫
バグの間接的な表現。
→バグ

虫取り (*Bug Hunt*)
デバッグの間接的な表現。
→デバッグ

メンテナンス (*Maintenance*)

ソフトは完成した後、長い長いメンテナンスフェーズに入る。メンテナンスで必要とされることは、主にバグ取りと社会状況に対応した小修正(消費税率が変わったなど)である。

354

デバッグ用語集

この作業は、ソフトの寿命が続く限り終わることはない。この場合の**ソフトの寿命**とは、特定のソフトの特定バージョンの話である。つまり、**オレさまアプリ**の寿命ではなく、**オレさまアプリ バージョン 1.2** の寿命ということである。こんなめんどくさいことは誰もやりたくない。誰かがボランティアで……といいたがる OSS 信者は多いが、実際に名乗り出るボランティアはめったにいないし、長続きする人もまずいない。退屈で飽きるからだ。必然的に、早期にサポートが打ち切られてバージョンアップを迫られるソフトは多い。

それにもかかわらずメンテナンスは継続されなければならない。利用者はそのソフトを使っているからである。

もはや継続不能になったら、ギブアップしてサポート終了を宣言するしかない。

リモートデバッグ（*Remote Debug*）

デバッガが実行されているマシンと、デバッグ対象のプログラムを実行しているマシンが別々の状態にあるデバッグ。

→デバッガ

→「5.7：クラウドとリモートデバッグ」

リリース候補版（*Release Candidate*）

「特に問題がなければこれをリリースします」という版。致命的なバグレポートがあればリリースはできず、修正のうえ次のリリース候補版が出る。問題がなければRTMに進む。

→RTM

→アルファ版

→ベータ版

レポート（*Report*）

→バグレポート

ワークアラウンド（*Workaround*）

その場しのぎの修正。**「あくまで緊急対策ですから、後で本格的な修正が必要です」** といってあるのに本格対応が行われず、結局ワークアラウンドの修正が本番の修正扱いされてしまった事態は多い。エレガントとはいえない、単に動くだけの汚いコードが残っていると、メンテナンス担当者泣かせになる。

→メンテナンス

Index

数字

2000 年問題 241
2038 年問題 241

A

adb 334
API（*Application Program Interface*）
.... 20, 67, 114, 334
Application Insight 191
Aristotle 233
ARM 334

B

Blue Screen of Death 55
Bohrbugs 219
BSoD 22, 55
By Design 334

C

CIL（*Common Intermediate Language*）............. 335
ClickOnce 138, 250
CLR（*Common Language Runtime*）.................. 335
CLR デバッガ（*DbgCLR.exe*）.......................... 335
CodeView 335
CPU（*Central Processing Unit*）...................... 336

D

dbx 336
DDT（*Dynamic Debugging Tool*）..................... 336
DDT.COM 337
DEBDEB 337
Debug 337
DEBUG.COM 337
DEBUG.EXE 337
Debugging Tools for Windows 337
dynamic 型 79

E

Expando オブジェクト 79

F

F12 338
FIFO 237

G

gdb 338
GIGO 237

H

Heisenbugs 197

I

IDE（*Integrated Development Environment*）... 338
IL 338
InnerException プロパティ 167, 173

J

jdb 338
JIT（*Just-In-Time*）.. 338
JIT コンパイラ（*Just-In-Time Compiler*）........... 338

L

LIFO 237

M

Mandelbugs 223
Microsoft Delta 268
MSIL 338
MVP 304

N

nuget 258
nuget hell 103
null 86
NUnit 321

O

OS（*Operating System*）................................ 339
OS のバグ 112
OSS 116, 324

P

Phase of the Moon Bugs 238
printf デバッグ 139, 215

R

RCS 267
RST 38H 339

Index

RST 7 339
RTM（*Release to Manufacturing*）.......... 340

S

SCCS 267
Schroedinbugs 229
SID（*Symbolic Instruction Debugger*）.............. 340
SQL インジェクション（*SQL Injection*）.......... 340
StackTrace プロパティ 171
SYMDEB 340
SYMDEB.EXE 341
System.Diagnostic.Debug.WriteLine メソッド 139
System.Diagnostic.Trace.WriteLine メソッド 139

T

Team Foundation Server 268
TFS 268
Todo リスト 293

U

Universal Windows アプリ 171
UNIX 267, 341

V

Visual SourceSafe 268

W

Web アプリ 259
WINDBG.EXE 341
WINDBGRM.EXE 341
Windows 341

X

x64 342
x86 342

あ行

アサイン 285
アップデート（*Update*）.................. 245, 342
アブソリュートデバッガ（*Absolute Debugger*）
.... 343
アプリのハングアップ 21
アリストテレス 233
アルゴリズム 93
アルファ版（*Alpha*）............................ 343
暗黙の前提 104
異常終了 24

意図しないメソッド 91
インテリセンス 76
裏技 343
エミュレーション 128
エミュレーション環境（*Emulation Environment*）
.... 343
エミュレータ 165
エラッタ（*Errata*）................................ 344
オンプレミス 277

か行

カーネルデバッガ（*Kernel Debugger*）.......... 344
開発環境との相違 59, 209
外部サービス 120
下限値 81
瑕疵 344
過剰な負荷 20
型の制約 100
固まる 19
画面解像度 64
カルチャ 33
環境の自動移行 127
環境のバージョン 67
環境の変化 103
監視 189
完全性 326
機械語 344
逆アセンブル（*Disassemble*）.............. 344
キャッチ 170
境界値 80
強制バージョンアップ 249
銀の弾丸 241
クイックウォッチ 150
クラウド 125, 165, 278
クラウドのリポジトリ 278
グリーン 322
クローズ 286
結合テスト（*Join Test*）........................ 345
月相バグ 238
言語の混在 32
検証 137
コアダンプ（*Core Dump*）.................... 345
告知手段 50
心構え 305
故障 345
コミット 137
コメント 314

Index

誤訳 42
昆虫採集 345

さ行

サーバー 71
再アサイン 287
再現性 111
再現手順 135
察知 177
参照 88
システムのハングアップ 22
自動化された単体テスト 326
自動バージョンアップ 247
自動バージョンアップの拒否 255
自動バージョンアップのタイミング ... 256
自動レポート 179
修正 136, 144
シュレーディンバグ 229
上限値 81
条件付きブレークポイント（*Conditional Breakpoint*）
.... 153, 345
仕様書のバグ（*Bug of Specification*） 122, 346
仕様です 346
仕様変更 96
初期値 62, 81
食事デバッグ 307
シンボリックデバッガ（*Symbolic Debugger*）
.... 346
数値の区切り 36
スタックトレース 147
ステップアウト（*Step Out*） ... 159, 346
ステップイン（*Step In*） 159, 347
ステップオーバー（*Step Over*） ... 159, 347
ステップ実行（*Step Execution*） ... 159, 347
正誤表 347
静的解析 161
静的コンストラクタ 172
セカンドレポーター 304
セキュリティホール（*Security Hole*） 263, 347
ソースコード 108
ソースコードデバッガ（*Source Code Debugger*）
.... 347
ソースコードリポジトリ 277
ゾンビプロセス 25

た行

代替機能 115

タイミング 48
正しくない文字 / 文字列 30
単体テスト（*Unit Test*）
.... 212, 321, 322, 326, 348
ダンプ 161
チート行為（*Cheat*） 348
チェックアウト 270
チェックイン 270
直列複合バグ 329
通貨記号 38
通信回線 69
通信の遮断 119
綴りのミス 78
テスト 286
テスト駆動開発 322
テスト時間 326
徹夜 316
デバッガ（*Debugger*） 206, 348
デバッグ（*Debug*） 285, 349
デバッグ・スター（*Debug Star*） ... 349
デバッグの手順 133
デバッグビルド（*Debug Build*） ... 198, 349
デバッグモード（*Debug Mode*） ... 349
デバッグレジスタ（*Debug Register*） ... 349
テレメトリデータ 192
典型的な出現ケース 57
典型的な症状 17
典型的な例 73
トイレデバッグ 307
統合開発環境
（*Integrated Development Environment*） 349
ドッグフード（*Dog Food*） 350
ドライバのバグ 118
トレース実行（*Trace Execution*） ... 350
取れないバグ 107

な行

夏時間 34
名前の取り違え 75
任意バージョンアップ 249
人月の神話 241
ネイティブコード（*Native Code*） ... 350
ネストした例外 167

は行

バージョンアップの拒否 255
バージョン管理 265

Index

バージョン管理システム（Version Control System）
.... 267, 350
バージョン管理ソフト 292
バージョンダウン 258
ハードのバグ 119
ハイゼンバグ 197
排他ロック 269, 270
バギー（Buggy） 350
バギー先生（Teacher Buggy） 351
バグ（Bug） 351
バグ管理 300
バグ管理システム（Bug Tracking System）
.... 283, 351
バグトラッキングデータベース
（Bug Tracking Database） 283, 351
バグの統合 289
バグの派生 290
バグも仕様のうち 261
バグレポート（Bug Report）... 133, 285, 297, 351
バッドノウハウ（Bad Know-how） 351
範囲の確定 175
半強制バージョンアップ 249
ハングアップ 19
ハングする 19
ハンド逆アセンブル 352
引数 150
非互換性 260
表示位置 27
標準バカ 352
フェイルセーフ 327
不具合 353
副作用 84
不定 62
フリーズする 19
ブルースクリーン 22, 55
ブレークポイント（Breakpoint） 143, 353
プログラミング作法（Programming Style） 354
プロセス 25
風呂デバッグ 307
分岐 272
並列複合バグ 323
ベータ版（Beta） 354
別のバグの発見 112
変数 150
ボーアバグ 219
保守 354

ポストモーテムデバッガ（Postmortem Debugger）
.... 354

ま行

マージ 270, 274
マッシュアップ 121
マンデルバグ 223
見込みのバグ取り 112
虫 354
虫取り（Bug Hunt） 354
矛盾した仕様 313
メモリ容量 66
メンテナンス（Maintenance） 354
モチベーション 302
問題の統合 289
問題の派生 290

や行

要求が矛盾しているバグ 121
呼び出し階層の履歴 149

ら行

ライブラリ 324
ライブラリのバグ 113
リソースの解放 47
リファクタリング 322
リポジトリ 277
リポジトリのバックアップ 278
リモートデバッグ（Remote Debug） 165, 355
リリース 138
リリース候補版（Release Candidate） 355
例外 53, 167
例外オブジェクト 171
例外情報 167
レッド 322
レポート（Report） 355
ローカライズ 40
ローカルマシン 277
ロールバック 254, 276
ログ 161
ロケールの相違 33
ロック 45, 269
論理的に取れないバグ 121

わ

ワークアラウンド（Workaround） 355

359

■著者略歴

川俣 晶（かわまた あきら）

1964年東京生まれ。東京農工大学工学部卒。ENIX にてドラゴンクエスト2
の MSX/2 移植、マイクロソフト株式会社にて Windows 2.1 ～ 3.0 の日本語
化に従事後、株式会社ピーデー社長に就任。
代表著書『[完全版] 究極の C# プログラミング――新スタイルによる実践
的コーディング』（技術評論社）、『ENIX 移植プログラマー戦記 ～ TOKYO
NAMPA STREET からドラクエ2まで～』（ぽから）。
Visual C# MVP。趣味は郷土史。

カバーデザイン ✤	花本浩一（麒麟三隻館）
カバーイラスト ✤	大高郁子
本文イラスト ✤	田中 斉
編集 ✤	高橋 陽
担当 ✤	跡部和之

本書使用素材
・©Maciej Maksymowicz/123RF.COM（中扉等写真）
・Silhouette AC（http://www.silhouette-ac.com/）
・Silhouette Design（http://kage-design.com/）

シーシャープ
**C# プログラマーのための
デバッグの基本＆応用テクニック**
きほん　　おうよう

2016年11月10日　初版　第1刷発行

	かわまた　あきら
著　者	川俣　晶
発行者	片岡　巌
発行所	株式会社技術評論社
	東京都新宿区市谷左内町 21-13
	電話　03-3513-6150　販売促進部
	03-3513-6166　書籍編集部
印刷／製本	昭和情報プロセス株式会社

定価はカバーに表示してあります

本書の一部または全部を著作権法の定める
範囲を越え、無断で複写、複製、転載、あ
るいはファイルに落とすことを禁じます。

© 2016　川俣 晶

造本には細心の注意を払っておりますが、万一、乱丁（ページの
乱れ）や落丁（ページの抜け）がございましたら、小社販売促進部
までお送りください。送料小社負担にてお取り替えいたします。

ISBN978-4-7741-8467-8　C3055
Printed in Japan